走进世界著名

山陵

本丛书编委会 编

KANTU ZOUTIANXIA CONGSHU

Zoujin Shijie Zhuming Shanling

看图走天下丛书

世界图书出版公司

广州·北京·上海·西安

图书在版编目（CIP）数据

走进世界著名山陵／《看图走天下丛书》编委会编
. —广州：广东世界图书出版公司，2010.4（2024.2 重印）
（看图走天下丛书）
ISBN 978－7－5100－2056－8

Ⅰ．①走… Ⅱ．①看… Ⅲ．①山－世界－青少年读物
Ⅳ．①K918.3－49

中国版本图书馆 CIP 数据核字（2010）第 050007 号

书　　　名	走进世界著名山陵	
	ZOUJIN SHIJIE ZHUMING SHANLING	
编　　　者	《看图走天下丛书》编委会	
责任编辑	张梦婕	
装帧设计	三棵树设计工作组	
出版发行	世界图书出版有限公司　世界图书出版广东有限公司	
地　　　址	广州市海珠区新港西路大江冲 25 号	
邮　　　编	510300	
电　　　话	020-84452179	
网　　　址	http://www.gdst.com.cn	
邮　　　箱	wpc_gdst@163.com	
经　　　销	新华书店	
印　　　刷	唐山富达印务有限公司	
开　　　本	787mm×1092mm　1/16	
印　　　张	10	
字　　　数	120 千字	
版　　　次	2010 年 4 月第 1 版　2024 年 2 月第 12 次印刷	
国际书号	ISBN　978-7-5100-2056-8	
定　　　价	48.00 元	

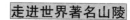
前　言

　　我国古语有云："仁者乐山，智者乐水。"天下众多的著名山陵，既是大自然赐予我们人类的壮伟景观，更承载着我们人类辉煌灿烂悠久深厚的瑰丽文化。

　　珠穆朗玛峰的磅礴大气、巍峨雄伟，喜马拉雅山的连绵起伏，扶摇直上的高度，还有阿尔卑斯山的险峻山势、瑰丽景色，以及东非大裂谷，这条世界大陆上最大的断层陷落带，宛如一条硕大无朋的"刀痕"纵贯非洲东部，绵延几千千米，莫不给人以震撼，令人油然生出"我自渺小"的感觉。

　　我国的名山更是不胜枚举，让我们引以为豪。泰山之华丽，恒山之奇绝，华山之险峻，衡山之秀美，嵩山之空灵，天然胜景与人文情素达到了高度的统一和完美的结合，显现出独有的无与伦比的美。"别有天地非人间"的黄山，"匡庐奇秀甲天下"的庐山，"第一人间清净地"的普陀山，会使你深醉于奇峰云海、青松怪石、银泉飞瀑之中，久久不能回归，使你忙碌的身心回荡在晨钟暮鼓里，掩映于碧瓦朱檐中，迟迟不愿离去。

　　本书除重点介绍世界名山的优美风景外，还收集了相关的神话传奇、古代诗词、名人轶事、历史故事等内容。对碑铭石刻、名观古刹，也做了详略得当的描述，增加了名山的文化内涵，有助于读者更好地、全面地了解这些世界名山的面容面貌。

阅读本书，即可神游于世界多骄峰峦、秀美山川之间，使我们深深地为名山之奇峻、险美所折服、所感动，更可使我们纵情吟唱于其间，忘掉生活中的不快和烦恼。

基于种种客观原因，我们无法做到纵情山水，但纵览本书定可使我们一窥这些名山的瑰丽风光，神游其间，不忍释卷，这也正是我们所希望的。另外由于篇幅有限，时间仓促，书中难免会有这样那样的不足之处，期盼各位读者批评指正。

目　　录

珠穆朗玛峰

　　珠穆朗玛峰简称珠峰，又译作圣母峰，尼泊尔称为萨加马塔峰，位于中华人民共和国和尼泊尔交界的喜马拉雅山脉之上，终年积雪，是亚洲和地球第一高峰（高度为8848.13米，2005年5月22日中华人民共和国登山队测定）。藏语"珠穆朗玛"是"大地之母"的意思。神话说珠穆朗玛峰是长寿五天女居住的宫室。西方普遍称作额菲尔士峰或艾佛勒斯峰。

　　珠穆朗玛峰峰高势伟，地理环境独特，峰顶的最低气温常年在零下三四十摄氏度。山上一些地方常年积雪不化，冰川、冰坡、冰塔林到处可见。峰顶共有600多条冰川，最长的达26千米，面积约1600平方千米。每当旭日东升，巨大的山峰在阳光照耀下，绚丽多彩。冰川上有千姿百态、瑰丽罕见的冰塔林，又有高达数十米的冰陡崖和步步陷阱的明暗冰裂隙，还有险象环生的冰崩雪崩区。峰顶空气稀薄，空气的含氧量只有东部平原地区的1/4，经常刮七八级大风，十二级大风也不少见。风吹积雪，四溅飞舞，弥漫天际。

　　珠穆朗玛峰山体呈巨型金字塔状，威武雄壮，地形极端险峻，环境异常复杂。雪线高度：北坡为5800～6200米，南坡为5500～6100米。东北山脊、东南山脊和西山山脊中间夹着三大陡壁（北壁、东壁和西南壁），在这些山脊和峭壁之间又分布着548条大陆型冰川，总面积达1457.07平方千米，平均厚度达7260米。

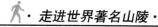

白雪皑皑的珠穆朗玛峰顶

珠穆朗玛峰不仅巍峨宏大，而且气势磅礴。在它周围 20 千米的范围内，群峰林立，重峦叠嶂。仅海拔 7000 米以上的高峰就有 40 多座，较著名的有南面 3 千米处的"洛子峰"（海拔 8463 米，世界第四高峰）和海拔 7589 米的卓穷峰；东南面是马卡鲁峰（海拔 8463 米，世界第五高峰）；北面 3 千米是海拔 7543 米的章子峰；西面是努子峰（海拔 7855 米）和普莫里峰（海拔 7145 米）。在这些巨峰的外围，还有一些世界一流的高峰遥遥相望：东南方向有世界第三高峰干城嘉峰（海拔 8585 米）；西面有海拔 7998 米的格重康峰、8201 米的卓奥友峰和 8012 米的希夏邦马峰；形成了群峰来朝、峰头汹涌的波澜壮阔的场面。

1989 年 3 月，珠穆朗玛峰国家自然保护区宣告成立。保护区面积 3.38 万平方千米。区内珍稀、濒危生物物种极为丰富，其中有 8 种国家一类保护动物，如长尾灰叶猴、熊猴、喜马拉雅塔尔羊、金钱豹等。

喜马拉雅山

喜马拉雅山是世界上最高大最雄伟的山脉。它耸立在青藏高原南缘，分布在我国西藏和巴基斯坦、印度、尼泊尔和不丹等国境内，其主要部分在我国和尼泊尔交接处。

喜马拉雅山西起帕米尔高原的南迦帕尔巴特峰，东至雅鲁藏布江急转弯处的南迦巴瓦峰，全长约2500千米，宽200～300千米，有110多座山峰高达或超过海

连绵起伏的喜马拉雅山

拔7300米。其中之一是世界最高峰珠穆朗玛峰，高达8848.13米。

数千年来，喜马拉雅山对南亚民族产生了人格化的深刻影响，其文学、政治、经济、神话和宗教都反映了这一点。冰川覆盖的浩茫高峰早就吸引了古代印度朝圣者们的瞩目，他们据梵语词 hima（雪）和 alaya（域）为这一雄伟的山系创造了喜马拉雅山这一梵语名字。如今喜马拉

雅山已成为全世界登山者们最具吸引力的地方，同时也向他们提出最大的挑战。

该山脉形成印度次大陆的北部边界及其与北部大陆之间几乎不可逾越的屏障，系从北非至东南亚太平洋海岸环绕半个世界的巨大山带的组成部分。喜马拉雅山脉本体在查谟和喀什米尔有争议地区的帕尔巴特峰至西藏南迦巴瓦峰之间，从西向东连绵不断横亘 2500 千米。两个喜马拉雅山王国尼泊尔和不丹位于山脉东、西两端之间。喜马拉雅山脉在西北与兴都库什山脉和喀喇昆仑山脉交界，在北面与西藏高原接壤。

喜马拉雅山脉最典型的特征是扶摇直上的高度，一侧陡峭参差不齐的山峰，令人惊叹不止的山谷和高山冰川，被侵蚀作用深深切割的地形，深不可测的河流峡谷，复杂的地质构造，表现出动植物和气候不同生态联系的系列海拔带（或区）。从南面看，喜马拉雅山脉就像是一弯硕大的新月，主光轴超出雪线之上。雪原、高山冰川和雪崩全都向低谷冰川供水，后者从而成为大多数喜马拉雅山脉河流的源头。不过，喜马拉雅山脉的大部分却在雪线之下。

喜马拉雅山脉可以分为 4 条平行的纵向的不同宽度的山带，每条山带都具鲜明的地形特征和自己的地质史。它们从南至北被命名为外（或亚）喜马拉雅山脉，小（或低）喜马拉雅山脉，大（或高）喜马拉雅山脉以及特提斯或西藏喜马拉雅山脉。

喜马拉雅山脉在地势结构上并不对称，北坡平缓，南坡陡峻。在北坡山麓地带，是我国青藏高原湖盆带，湖滨牧草丰美，是良好的牧场。流向印度洋的大河几乎都发源于北坡。河流切穿大喜马拉雅山脉，形成3000～4000米深的大峡谷，河水奔流，势如飞瀑，蕴藏着巨大的水力资源。喜马拉雅山连绵成群的高峰挡住了从印度洋上吹来的湿润气流。因此，喜马拉雅山的南坡雨量充沛，植被茂盛，而北坡的雨量较少，植被稀疏，形成鲜明的对比。随着山地高度的增加，高山地区的自然景象也不断变化，形成明显的垂直自然带。

喜马拉雅山脉作为一个影响空气和水的大循环系统的气候大分界线，对于南面的印度次大陆和北面的中亚高地的气象状况具有决定性的影响。由于位置和令人惊叹的高度，大喜马拉雅山脉在冬季阻挡来自北方的大陆冷空气流入印度，同时迫使西南季风在穿越山脉向北移动之前捐弃自己的大部分水分，从而造成印度一侧的巨大降水量（雨雪兼有）和西藏的干燥状况。南坡年平均降雨量则因地而异。

据地质考察证实，早在 20 亿年前，现在的喜马拉雅山脉的广大地区是一片汪洋大海，称古地中海，它经历了整个漫长的地质时期，一直持续到距今 3000 万年前的新生代早第三纪末期。那时这个地区的地壳运动，总的趋势是连续下降，在下降过程中，海盆里堆积了厚达 30000 余米的海相沉积岩层。到早第三纪末期，地壳发生了一次强烈的造山运动，在地质上称为"喜马拉雅运动"，使这一地区逐渐隆起，形成了世界上最雄伟的山脉。经地质考察证明，喜马拉雅的构造运动至今尚未结束，仅在第四纪冰期之后，它又升高了 1300～1500 米，现在还在缓缓上升之中。

喜马拉雅山脉的植被可以大体分为 4 带——热带、亚热带、温带及高山带——主要是根据海拔和雨量划分的。地方地形和气候以及光照和风吹的差别，造成每一带内植被构成的变化相当大。热带常绿雨林局限于东喜马拉雅山脉和中喜马拉雅山脉潮湿的丘陵地带。常绿龙脑香科森林——一个可产木材和树脂的树群——是常见的。它们的异种生长在不同的土壤上和陡峭程度互异的山坡上。铁木可见于 183～732 米这一高度内可渗透的土壤上；竹子生长在陡峭的山坡上；栎树和栗生长在石质土上，覆盖了从阿鲁纳恰尔邦西向至尼泊尔中部的山坡；桤木可见于较陡的山坡水道沿线。在更高处，它们为山地森林所取代，林中典型的常绿树是一种露兜树。除了这些树外，估计约有 4000 种开花植物生长在东喜马拉雅山脉，其中 20 种是棕榈。

东喜马拉雅山脉的动物主要源于华南和中南半岛地区，主要是可以在热带森林中找到的动物类型，其次才是那些适应了在较高海拔和较干西部地区的亚热带、山地和温带条件的动物类型。然而，西喜马拉雅山脉的动物却与地中海、衣索比亚和土库曼这些地区的动物有着较多的类同之处。一些非洲动物过去在这一地区的存在，例如长颈鹿与河马，可以从外喜马拉雅锡瓦利克山脉沉积层的化石遗迹推断出来。在树线以上高度的动物几乎完全由适应寒冷的当地特有物种构成，它们是在喜马拉雅山脉升高后从草原野生动物进化而来的。印度犀牛在整个喜马拉雅山脉的丘陵地带曾经大量存在，但是现在濒临灭绝；麝和喀什米尔鹿也几近灭绝。喜马拉雅黑熊、云豹、长尾叶猴（一种亚洲长尾猴）和猫，是喜马拉雅山脉森林中其他恒生动物的一部分。喜马拉雅岩羚羊，例如塔尔羊，也可以见到。

在树线以上更高的地方，雪豹、棕熊、赤熊猫（即小熊猫）和西藏犛牛偶能一见。犛牛已被驯化，在拉达克被用作役畜。然而，树线以上的典型栖息动物是多种类型的昆虫、蜘蛛和螨，它们是能够生活在高达6309米之地的仅有动物种类。

有这样一个关于喜马拉雅山的神话传说：

在很早很早以前，这里是一片无边无际的大海，海涛卷起波浪，搏击着长满松柏、铁杉和棕榈的海岸，发出哗哗的响声。森林之上，重山叠翠，云雾缭绕；森林里面长满各种奇花异草，成群的斑鹿和羚羊在奔跑，三五成群的犀牛，迈着蹒跚的步伐，悠闲地在湖边饮水；杜鹃、画眉和百灵鸟，在树梢头跳来跳去欢乐地唱着动听的歌曲；兔子无忧无虑地在嫩绿茂盛的草地上奔跑……这是一幅多么诱人的和平、安定的图景呀！有一天，海里突然来了头巨大的五头毒龙，把森林捣得乱七八糟，又搅起万丈浪花，摧毁了花草树木。生活在这里的飞禽走兽都预感到灾难临头了。它们往东边跳，东边森林倾倒、草地淹没；它们又涌到西边，西边也是狂涛恶浪，打得谁也喘不过气来。正当飞禽走兽们走投无路的时候，突然，大海的上空飘来了五朵彩云，变成五部慧空行母，她们来到了海边，施展无边法力，降服了五头毒龙。妖魔被征服了，大海也风平浪静，生活在这里的鹿、羚、猴、兔、鸟，对仙女顶礼膜拜，感谢她们救命之恩。五部慧空行母想告辞回天庭，怎奈众生苦苦哀求，要求她们留在此间为众生谋利。于是五仙女发慈悲之心，同意留下来与众生共享太平之日。五位仙女喝令大海退去，于是，东边变成茂密的森林，西边是万顷良田，南边是花草茂盛的花园，北边是无边无际的牧场。那五位仙女变成了喜马拉雅山脉的五个主峰，即：祥寿仙女峰、翠颜仙女峰、贞慧仙女峰、冠咏仙女峰、施仁仙女峰，屹立在西南部边缘之上，守卫着这幸福的乐园。那为首的翠颜仙女峰便是珠穆朗玛，她就是今天的世界最高峰，当地人民都亲热地称之为"神女峰"。（注：西藏高原是由沧海变成，这已经被越来越多的科学考察、发现所证明。但是，高原并非在一朝一夕形成，而是相当缓慢地变化着，只是近几百万年的地壳变动，才使高原隆起急剧上升。最近几年对喜马拉雅山的主峰珠穆朗玛峰的测定证明，高原还在不停地上升着，这个上升速度在地球历史上是惊人的，但也不过一年上升一二厘米罢了。）

阿尔泰山

阿尔泰山是中亚地区的著名山脉。它从哈萨克斯坦共和国蜿蜒东进，穿过中国新疆和蒙古人民共和国的边境，而止于蒙古高原的戈壁中。特殊的地理位置使其以独特的自然风光闻名于世。

阿尔泰山山势高耸，海拔一般在 2500 米左右，也有许多山峰海拔在 3500 米以上，其中乃拉姆达勒山，即友谊峰，海拔 4374 米，为阿尔泰山最高峰。这里地位偏北，纬度较高，气候寒冷，因此许多高峰终年白雪皑皑。冰雪和奇寒对山地形态起着极其重要的雕蚀作用。在高山地带，常常可以看到古冰川所磨蚀的宽谷，所挖掘的冰斗，高高地悬挂在高峰急崖之上，十分壮观。在海拔 2300 米以上的古冰川湖盆中，分布着寒冷地区所特有的永久冻土层。它们像一座座山包排列在湖滨，上面生长着矮小的短草。黑色的沼泽土下有很厚的泥炭层，在夏季时节非常泥泞难行。

在山形上，阿尔泰山呈现出阶梯性的山地形式。从南缘的戈壁滩上开始，一级一级地升到山顶。当人们爬上一级山地时，山的坡度逐渐变缓，坦荡的谷底渐渐开阔起来。在微微波起的山脊顶上，仰望前方，高山又出现在眼前，可谓山外有山。

阿尔泰山南面滨临干燥的北疆准噶尔荒漠盆地，北面连接着寒冷的西伯利亚群山，东面是蒙古戈壁，西接中亚平原，在三面干燥地区的包围下，由于山势的隆起和位置的偏北，使阿尔泰山地得以显示出湿润景

阿尔泰山风光

象，处处是优美的草原和茂密的森林，给干燥荒漠的内陆地区带来了勃勃生机。

　　这里群山环抱，河流湖泊星罗棋布，宛若一座天然水库。这些丰富的水源润湿着广大面积的土壤，提供了植物生长所必需的水分，因此各种各样的植物在此繁衍、生长。从放牧的柔嫩草类到高大的材木森林，都随处可见，漫山遍野。据说阿尔泰山的植物种类有千种以上。它们的分布是和高度、湿润情况、温度相适应的。在较低的宽广谷地中的沿河两岸，生长着茂盛的河杨和白桦。离河稍远的地方，密生着高可及人的芨芨草草原。一阵轻风掠过，这里草波泛动，随时可以看到千百头肥壮的牛、羊、马在逍遥自在地饱餐，是放牧的最好草场。大约从海拔1700米左右开始，在西部的布尔津地区，由于气候较东部湿润，所以分布了茂密的森林，主要的树种是落叶松。在较低暖的谷地中，生长着红松和云杉等亚寒带针叶林。在 2200～2400 米的森林地带，到处是高大笔直的木材。阿尔泰山的森林属于原始森林，在漫长的岁月里，自然地生息、繁衍，很多大树已达二三百年高龄，两三个人都难以围抱。到了 2400 米以上的地带，由于高寒和强风的作用，高大的森林逐渐被铺满山谷的短草原所代替。锦毯一般的碧草黄花铺满谷底和山坡，它们不畏风寒严霜，傲然生长。这一带溪流很多，加之温低湿重，所以许多谷地和盆地中多成为阴湿的草甸。每年的 6 月中旬到 8 月底，山下的牧民将成群的牛羊赶到此地来度过短暂的夏天。

在阿尔泰山的广阔草原和森林地区还有各种各样的动物。羚羊、狼、狐狸、冬眠鼠、盘羊、洋貂等在草原上随处可见。其中盘羊因头上长的曲角而出名，性善跑，难射中。蒙古政府规定每年只允许在阿尔泰山猎取 25 头盘羊。森林中还有牡鹿、麋鹿、野鹿、野猪、山猫、熊、松鼠等。游客们不仅可以欣赏阿尔泰山的奇异风光，还可以到限定的地区去打猎。

阿尔泰山在复杂的地质构造和岩浆活动过程中，还形成了许多丰富的矿产资源，自古以来阿尔泰山便以金矿贮量丰富而著称于世，"阿尔泰"就是突厥语"金山"之意。阿尔泰山的 72 条沟，沟沟产黄金，尤其以产块石金著名，重 4～5 千克者时有发现，最重的一块重达 17 千克。同时，阿尔泰山也是五光十色的宝石美玉之乡。世界上的宝石、玉石有 200 多种，而阿尔泰已发现的就有 20 多个种类，70 多个品种。著名的有红宝石、蓝宝石、白宝石、绿柱石、芙蓉石、石榴石、金刚石、紫晶石、玫瑰宝石……。此外，阿尔泰山其他的稀有金属矿藏也类多量丰，对蒙古和中国的国防工业都有极其重要的作用。

阿尔泰山像一座天然的宝库，等待着人们去开采和发掘。

泰　山

　　泰山又称岱山、岱宗、岱岳、东岳、泰岳等。其名称之多，实为全国名山之冠。泰山之称最早见于《诗经》，"泰"意为极大、通畅、安宁。泰山同衡山、恒山、华山、嵩山合称五岳，因地处东部，故称东岳。

　　泰山地处山东中部，北依省会济南，南临"圣城"曲阜，东连"齐都"淄博，西滨黄河。泰山形成于太古代，因受来自西南和东北两方面的挤压力，褶皱隆起，经深度变质而形成中国最古老的地层——泰山群，后因地壳变

泰山十八盘

动，被多组断裂分割，形成块状山体。现每年以 0.5 毫米的速度继续增高。

泰山的风景名胜以泰山主峰为中心，呈放射状分布，由自然景观与人文景观融合而成。从祭地经帝王驻地的泰城岱庙，到封天的玉皇顶，构成长达 10 千米的地府——人间——天堂的一条轴线。主峰玉皇顶海拔 1545 米，气势雄伟，拔地而起，有"天下第一山"之美誉。1987 年泰山被联合国教科文组织列入世界自然文化遗产名录。

泰山山谷幽深，松柏漫山，著名风景名胜有天柱峰、日观峰、百丈崖、仙人桥、五大夫松、望人松、龙潭飞瀑、云桥飞瀑、三潭飞瀑等。全山分麓、幽、妙、奥、旷五区。麓区山水相映，古刹幽深。

泰山风景区内有山峰 156 座，崖岭 138 座，名洞 72 处，奇石 72 块，溪谷 130 条，瀑潭 64 处，名泉 72 眼，古树名木万余株，古遗址 42 处，古墓葬 13 处，古建筑 58 处，碑碣 1239 块，摩崖刻石 1277 处，石窟造像 14 处，近现代文物 12 处，文物藏品万余件。其中城子崖遗址、四门塔、大汶口遗址、灵岩寺、岱庙、千佛崖石窟造像、龙虎塔、九顶塔、冯玉祥墓等，先后被国务院公布为国家重点文物保护单位。

泰山日出是泰山最壮观的奇景之一。当黎明时分，游人站在岱顶举目远眺东方，一线晨曦由灰暗变成淡黄，又由淡黄变成橘红，而天空的云朵红紫交辉，瞬息万变，漫天彩霞与地平线上的茫茫云海融为一体，犹如巨幅油画从天而降。浮光耀金的海面上，日轮掀开了云幕，撩开了霞帐，披着五彩霓裳，像一个飘荡的宫灯冉冉升起在天际，须臾间，金光四射，群峰尽染，好一派壮观而神奇的海上日出。旭日东升及晚霞夕照、黄河金带、云海玉盘被誉为岱顶四大奇观。

泰山气候四季分明，各具特色。夏季凉爽，最热的七月平均气温仅 17℃，即使酷暑盛夏登山，在青松翠柏掩映下，亦感阴凉舒适，到山顶时，还需携带寒衣。夏天虽是泰山的多雨季节，不过若能赶上夏季的雨过天晴，就可在山顶上领略到山上红霞朵朵，脚下云海碧波的壮丽景

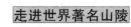
色。春秋两季较温和，平均气温 10℃，但春季风沙较大。秋天则风雨较少，晴天较多，秋高气爽，万里无云，为登山观日出的黄金季节。冬季虽天气偏冷，但可看到日出的机会较多。

　　泰山人文历史悠久，文化遗产丰厚。从四五万年前的旧石器时代到新石器时期，泰山周围地区都出现了人类活动的踪迹，说明泰山地区是中华民族悠久文明的重要发祥地。泰山被尊为华夏神山。大约五六万年前，人们已经开始了对泰山的崇拜。根据古文献记载，先秦时代曾经有七十二君到过泰山，祭告天地。秦始皇、秦二世、汉武帝也都到此举行封禅大典。经唐、宋到明清，尤其到了清朝康熙、乾隆时期，泰山的地位抬高到了无以复加的程度。这种封禅祭祀活动在泰山延续了数千年，贯穿了整个中国封建社会。随着"五行"学说的流行，泰山又被封为东岳，被尊为五岳之首。泰山还吸引了历代大批文人墨客，留下了众多不朽的名篇佳作和书法墨宝。道教人物早在汉魏时起就活跃于泰山地区。

泰山日出

在唐、宋、元、清四个朝代，道教在泰山都有重大发展，逐步走向辉煌。公元 4 世纪中叶，佛教传入泰山。公元 351 年，有人在泰山创建寺庙。北齐有人在经石峪刻下石经《金刚经》。

天下名山无数，历代帝王和芸芸众生何以独尊东岳泰山呢？这还要从开天辟地的盘古说起。传说，在很早很早以前，世界初成，天地刚分，有一个叫盘古的人生长在天地之间，天空每日升高一丈，大地每日厚一丈，盘古也每日长高一丈。如此日复一日，年复一年，他就这样顶天立地生活着。经过了漫长的一万八千年，天极高，地极厚，盘古也长得极高，他呼吸的气化作了风，他呼吸的声音化作了雷鸣，他的眼睛一眨一眨的，闪出道道蓝光，这就是闪电，他高兴时天空就变得艳阳晴和，他生气时天空就变得阴雨连绵。后来盘古慢慢地衰老了，最后终于溘然长逝。刹那间巨人倒地，他的头变成了东岳，腹变成了中岳，左臂变成了南岳，右臂变成了北岳，两脚变成了西岳，眼睛变成了日月，毛发变成了草木，脂膏变成了江河。因为盘古开天辟地，造就了世界，后人尊其为人类的祖先，而他的头部变成了泰山，所以，泰山就被称为至高无上的"天下第一山"，成了五岳之首。

今日之泰山，正以其雄伟壮丽、庄严伟岸的风姿，源远流长、博大精深的文化内涵，卓然屹立于世界的东方，展示着文明古国的风采。

恒 山

    恒山是五岳中的北岳，扬名国内外。1982年，恒山以山西恒山风景名胜区的名义，被国务院批准列入第一批国家级风景名胜区名单。恒山曾名常山、恒宗、元岳、紫岳，位于山西浑源县城南10千米处，距大同市62千米。

    据《尚书》载：舜帝北巡时，曾遥祭北岳，遂封北岳为万山之宗主；之后，大禹治水时有"河之北属恒山"的记载；先后有秦始皇、汉

恒山美景

武帝、唐太宗、唐玄宗、宋真宗封北岳为王、为帝；明太祖又尊北岳为神，可见其历史之悠久。

恒山山脉祖于阴山，横跨塞外，东连太行，西跨雁门，南障三晋，北瞰云代，东西绵延五百里（横跨今山西宁武、朔州、代县、应县、繁峙、山阴、浑源、灵丘等县），是海河支流桑干河与滹沱河的分水岭。

整个恒山山脉似自西南向东北奔腾而来。一座座海拔达 2000 米以上的山如比肩而立，重重叠叠，气势异常博大雄浑，因此北宋画家郭熙说："泰山如坐，华山如站，嵩山如卧，恒山如行。"登上恒山，苍松翠柏、庙观楼阁、奇花异草、怪石幽洞构成了著名的恒山十八景。十八胜景各有千秋，犹如 18 幅美丽画卷：磁峡烟雨、云阁虹桥、云路春晓、虎口悬松、果老仙迹、断崖啼鸟、夕阳晚照、龙泉甘苦、幽室飞窟、石洞流云、茅窟烟火、金鸡报晓、玉羊游云、紫峪云花、脂图文锦、仙府醉月、弈台弄琴、岳顶松风。

恒山悬空寺

其中的苦甜井更是自然景观中的奇景。苦甜井位于恒山半腰，双井并列，相隔 1 米，水质迥然不同。一井水如甘露，甜美清凉，水井深数尺，取之不尽，可供万人饮用，唐玄宗李隆基赐匾"龙泉观"。另一井水苦涩难饮，成为鲜明对照。现苦井已封。恒山松，为恒山的另一奇景。"四大夫松"古松根部悬于石外，紧抓岩石，傲然挺立，姿态雄健；或立于丹崖上，或倒挂于绝壁间，如伞如翼如亭如龙如桥，千姿百态，仪态万方。恒山云，变幻无穷。出云洞晴日朗朗，洞口寂静；阴雨来临，洞口便游出缕缕白云，引人遐思。

恒山风景区内的另一处重要景观是悬空寺。悬空寺位于恒山脚下、浑源县城南 5 千米处的金龙峡内西岩峭壁上。寺创建于北魏后期（约为公元 471～523 年），现存建筑有明清两代修建后的遗物。悬空寺靠西面东，俨若精巧、别致、玲珑剔透的玉雕悬于一幅巨大的屏风上。寺内共有殿宇楼阁 40 间，南北有三檐歇山顶，危楼耸起，对峙而立，由低向高三层叠起，离地百余尺，附于绝壁上；三面环廊回抱，六座殿阁相互交叉，飞架栈道相连，高低错落，木制楼梯沟通，迂回曲折，构思布局妙不可言。整个寺面似虚而实，似危而安，实中生巧，危里见俏。悬空寺内塑像颇多，有铜铸、铁铸、泥塑、石雕像共 78 尊。三圣殿内的泥塑具有唐、明两代风韵，释迦、韦驮、天女、阿难形体丰满，神采动人。三教殿内，释迦牟尼、老子、孔子三教合流，共居一室，耐人寻味，堪称中国宗教史上的一段佳话。

恒山以道教闻名，据《云笈七签》卷二十七记载为道教三十六小洞天中的第五洞天，茅山道的祖师大茅真君茅盈曾于汉时入山隐居修炼数载；八仙之一的张果老亦曾修道于此。

西汉初年，恒山就建有寺庙。现在飞石窟内的主庙始建于北魏，又经过唐、金、元代重修。至明、清时恒山已经寺庙成群，规模很大，人们称之为"三寺四祠九亭阁，七宫八洞十二庙"。可惜后来遭到破坏，所剩不多。

衡 山

衡山，五岳中的南岳，位于湖南省衡阳市南岳区。由于气候条件较其他四岳为好，这里处处是茂林修竹，终年翠绿，奇花异草，四时飘香，自然景色十分秀丽，因而又有"南岳独秀"的美称。清人魏源在《衡岳吟》中说："恒山如行，岱山如坐，华山如立，嵩山如卧，惟有南岳独如飞。"这是对衡山的赞美。

1982年，衡山作为我国著名的自然景观和人文景观，以湖南衡山风景名胜区的名义，被国务院批准列入第一批国家级风景名胜区名单。2007年8月1日，南岳衡山经国务院批准列为国家级自然保护区。

衡山由包括长沙岳麓山、衡阳回雁峰在内，巍然耸立着的72座山峰组成，亦被称作"青天七十二芙蓉"。其中以祝融、天柱、芙蓉、紫盖、石廪王座最有名。祝融峰海拔1300.2米，登衡山必登祝融。唐代文学家韩愈诗云："祝融万丈拔地起，欲见不见轻烟里。"这两句诗既写了祝融峰的高峻、雄伟，又写了衡山烟云的美妙。登临其上，可见北面洞庭湖烟波渺渺，若隐若现；南面群峰罗列，如障如屏；东面湘江逶迤，宛如玉带；西面雪峰山顶，银涛翻腾，万千景象，尽收眼底。

传说祝融峰是祝融游息之地。祝融是神话传说中的火神，自燧人氏发明取火以后，即由祝融保存火种。峰上有祝融殿，是明代所建。祝融峰的西边有望月台，在无云的夜晚，到这里赏月，别有一番美景。峰上还有观日台，是看日出奇景的好地方。

衡山美景

南岳的首峰——回雁峰就在衡阳市中心的南门口。

南岳之秀，在于无山不绿，无山不树。那连绵飘逸的山势和满山茂密的森林，四季常青，就像一个天然的庞大公园。林深树多，光听听树的名字，也够动人了：金钱松、红豆杉、伯乐树、银鹊树、香果、白檀、青桐以及常绿的香樟、神奇的梭罗、火红的枫林、古老的藤萝。据统计，南岳现有各种植物1700多种，其中许多是奇珍异宝。福严寺的银杏相传受戒于六朝时的慧思禅师，树龄至少也有1400多年，树身三个大人合抱亦不能围拢。藏经殿后的白玉兰，亦有四五百年的历史，至今仍然逢春开花，香飘满山。上封寺后的原始森林，许多树都是老态龙钟，弯腰曲背，遍身青苔，望不见纹路。乍一看去，它们长得拳曲不张，冠盖不整，盘根错节，相互依偎，恍如严寒中一群衣衫破败的老人相拥取暖，令人怜悯而赞叹。但在这高山风口上，它们千百年如一日，在"风刀霜剑严相逼"之中，彼此抱得铁紧，你搀我扶，有的甚至同根所生，枝同连理，不仅独秀，而且情深。

南岳如果只是这些树木呈现的秀色，那还不足以在天下名山中如此令人瞩目。这种秀色只是它的外在之美，而秀中有"绝"，才是它的深远内涵。人们把南岳的胜景概括为"南岳八绝"，即"祝融峰之高，藏经殿之秀，方广寺之深，磨镜台之幽，水帘洞之奇，大禹碑之古，南岳庙之雄，会仙桥之险"。正因为"南岳八绝"的出类拔萃，才使它赢得"五岳独秀"那当之无愧的美称。

衡山的烟云可与黄山媲美。游人在山上，忽然云雾升起，转眼之间，清晰可见的一座座山峰，竟被一团团烟雾笼罩住，渐渐隐去身形。游人自己也感到像在腾云驾雾，只觉得一缕缕、一团团的青烟白气，荡于胸前，流于指隙，似乎伸手可捉，可又什么都捉不到。突然，一阵清风拂面而过。风过处，天空便由灰而白，

衡山道观

由浊而清，浓雾消散，远处的山峰又清晰可辨了。

南岳还是著名的佛教圣地。环山数百里，有寺、庙、庵、观等200多处。其中的南岳大庙是中国江南最大的古建筑群，占地9800多平方米，仿北京故宫形制，依次九进。大庙坐北朝南，四周围红墙、角楼高耸。林涧山泉，绕墙流注。庙内，东侧有8个道观，西侧有8个佛寺，以示南岳佛道平等并存。

祝圣寺位于南岳古镇的东街,与山上的南台寺、福严寺、上封寺和衡山城外的清凉寺合称为南岳六大佛教丛林。相传大禹治水时曾经来到这里。清康熙年间作为皇帝的行宫进行大规模改建,并更名祝圣寺。现在寺的四周古木苍翠,寺内香烟缭绕,木鱼钟磬之声不绝于耳,佛图佛像满目。有兴趣者,还可入内与法师交谈,品尝一下南岳著名的素餐斋席。其他如广浏寺、湘南寺、丹霞寺、铁佛寺、方广寺及传法院、黄庭观等,都是明代以前的古寺,规模大小虽不相同,但也各有佳趣。

　　衡山还是著名的道教名山,道教称第三小洞天,名其岳神为司天王。山有七十二峰,以祝融、紫盖、芙蓉、石廪、天柱五峰为著,祝融又为之冠。有黄庭观,传为晋天师道女祭酒魏华存修道处。上清宫乃晋道士徐灵期修行处。降真观,旧名白云庵,乃唐司马承祯修道处。九真观西有白云先生(司马承祯)药岩。五代道士聂师道亦修道于此。

　　南岳衡山还有许多名胜古迹和神话传说,吸引了历代各种人物,形成丰富多彩的文化沉积,宛如一个辽阔的人文与山水文化和谐统一、水乳交融的巨型公园。

嵩 山

　　嵩山属伏牛山系，位于河南省西部，地处河南省登封市西北面，是五岳的中岳。它东西横卧，雄峙中原，海拔最低为 350 米，最高处为 1512 米，环山地跨新密、登封、巩义、偃师、伊川等市县。嵩山地区古代文化积淀甚厚，据《中国文物地图集·河南分册》介绍，各类文物古迹共 956 处。其中，有 9 处为国家级重点文物保护单位，38 处为省级文物保护单位，899 处属于县（市）级文物保护单位。

　　嵩山先后经历了"嵩阳运动"、"中岳运动"、"少林运动"等几次大的地壳运动，逐渐形成了山脉。在嵩山范围内，地质史上的太古宙、元古宙、古生代、中生代、新生代的地层和岩石均有出露，被地质学界称为"五世同堂"。

　　嵩山古老的岩石系形成于 23 亿年前。此前，嵩山是一望无际的大海。据中外地质学家考察，嵩山岩石发育完整，嵩山地区的岩浆岩、沉积岩、变质岩的出露，构成了中国最古老的岩系，是世界上稀有的自然地质宝库。据地质学家考察，经过 23 亿年的"嵩阳运动"、8 亿年前的"中岳运动"、5 亿～6 亿年前"少林运动"，才结束了地质史上的元古代，进入了古生代的寒武纪和奥陶纪。又经过约 2 亿年，此处地壳上升至海平面以上，因其受风化和剥蚀作用，形成了嵩山地区的含煤地层。2 亿 3000 年前后，又发生了一次延续很长时间的地壳运动，嵩山地区受到南北方向的推挤，形成了今天的山势地貌。

嵩山古生物化石十分丰富，既有海象生物化石，也有陆象生物化石，还有古脊椎动物化石。这些古生物化石是地质和古生物演化的宝贵资料。嵩山奇特的地质构造，使它蕴藏了丰富的煤、铝、铁、麦饭石等矿产资源。

　　嵩山群峰挺拔，气势磅礴，景象万千。由峰、谷、涧、瀑、泉、林等自然景素构成了"八景"：嵩门待月、轩辕早行、颍水春耕、箕阴避暑、石淙会饮、玉溪垂钓、少室晴雪、卢崖瀑布。

　　这些自然景观或雄壮魁伟、秀逸诱人，或飞瀑腾空、层峦叠嶂、多彩多姿。嵩山林木葱郁，一年四季迎雪雨送风霜，生机盎然。松林苍翠，山风吹来，呼啸作响，轻如流水潺潺，猛似波涛怒吼，韵味无穷。

嵩山太室山

嵩山中部以少林河为界，东为太室山，西为少室山，有太阳、少阳、明月、玉柱等 72 峰。

　　太室山位于河南省登封市北，为嵩山之东峰，海拔 1440 米。太室山共有 36 峰，岩嶂苍翠相间，峰壁环向攒耸，恍若芙蓉之姿。主峰"峻极峰"则以《诗经·嵩高》"峻极于天"为名，后因清高宗乾隆游嵩山时，曾在此赋诗立碑，所以又称"御碑峰"。登上峻极峰远眺，西有少室侍立，南有箕山面拱，前有颍水奔流，北望黄河如带。倚石俯瞰，脚下峰壑开绽，凌嶒参差，大有"一览众山小"之气势。山峰间云岚瞬息万变，美不胜收。古人有诗曰："三十六峰如髻鬟，行人来往舒心颜。白云蓬蓬忽然合，都在虚无缥缈间。"道出了嵩山之奇美和游人心境的愉悦与宁谧。

　　少室山东距太室山约 10 千米。据说，大禹的第二个妻子涂山氏之妹栖于此，故于山下建少姨庙敬之，山名谓"少室"。少室山山势陡峭峻拔，也含有 36 峰。诸峰簇拥起伏，如旌旗环围，似剑戟罗列，颇为壮观。主峰御寨山海拔 1512 米，为嵩山最高峰，山北五乳峰下有声威赫赫的少林寺。少室山顶宽平如寨，分有上下两层，有四天门之险。据《河南府志》载，金宣宗完颜烈与元太祖成吉思汗交战时，宣宗被逼出京，曾退入少室山，在山顶屯兵，故少室山又称"御寨山"。御寨山西有水池一处，人称"小饮马池"，水量能供万人食用，传说明末李际遇起义即在此处驻兵。

　　太室山和少室山两座高山层峦叠嶂，绵延起伏于黄河南岸。自古以来，它们引起了许多诗人的遐想，吸引了无数游客的关注，于是历代的墨客骚人、僧道隐士以及帝王将相，根据这些山峰的形态和面貌，差不多给每一座山峰都起了美丽的名称。在这些群峰的环抱里以至峰顶之上，逐步盖起了无数的道院僧房。

　　嵩山除优美的自然风光外，更以星罗棋布的名胜古迹、亭台楼阁著称。著名的有北魏嵩岳寺塔、汉代嵩山三阙、元代观星台、少林寺、中

嵩山少林寺

岳庙、会善寺、法王寺塔、初祖庵、嵩阳书院、刘碑寺题刻等。少林寺
位于嵩山少室山北麓五乳峰下，建于北魏太和十九年（公元495年）。
唐贞观年间（公元627年—649年）重修。唐代以后僧徒在此习武，少
林寺名扬天下。现存建筑有山门、方丈室、达摩亭、白衣殿、千佛殿
等，已毁的天王殿、大雄宝殿等已修复。千佛殿中有著名的明代"五百
罗汉朝毗卢"壁画。壁画约300多平方米。

　　嵩山有六最：禅宗祖庭——少林寺；现存规模最大的塔林——少林
寺塔林；现存最古老的塔——北魏嵩岳寺塔；现存最古老的阙——汉三
阙；树龄最高的柏树——汉封"将军柏"；现存最古老的观星台——告
城元代观星台。此外，太室山黄峰盖下的中岳庙始建于秦，唐宋时极
盛，是河南现存规模最大的寺庙建筑群。嵩阳书院气宇恢宏、古朴高

雅，宋时与睢阳、岳麓和白鹿洞书院称四大书院；加上苍翠清幽的法王寺、回环险绝的轩辕关、慧可断臂求法的立雪亭等，皆为中国人文风物的瑰宝。

　　1982 年，嵩山以河南嵩山风景名胜区的名义，被国务院批准列入第一批国家级风景名胜区名单。2004 年 2 月 13 日嵩山被联合国教科文组织地学部评选为"世界地质公园"。2007 年 5 月 8 日，登封市嵩山少林景区经国家旅游局正式批准为国家 5A 级旅游景区。

华　山

　　华山，五岳中的西岳，海拔 2154.9 米，居五岳之首，位于陕西省西安以东 120 千米的华阴县境内；北临坦荡的渭河平原和咆哮的黄河，南依秦岭，是秦岭支脉分水脊的北侧的一座花岗岩山。凭借大自然风云变幻的装扮，华山的千姿万态被有声有色地勾画出来，是国家级风景名胜区。

　　华山不仅雄伟奇险，而且山势峻峭，壁立千仞，群峰挺秀，以险峻称雄于世，自古以来就有"华山天下险"、"奇险天下第一山"的说法。正因为如此，华山多少年来吸引了无数的勇敢者登临游览。

　　我国古书中早就有关于华山的记载。最早述及华山的古书，据说是《尚书·禹贡》篇。最初华山叫"惇物山"，西岳这一称呼据说是因周平王迁都洛阳，华山在东周京城之西，故称"西岳"。以后秦王朝建都咸阳，西汉王朝建都长安，都在华山之西，所以华山不再称为"西岳"。直到汉光武帝刘秀在洛阳建立了东汉政权，华山就又恢复了"西岳"之称，并一直沿用至今。东汉班固写的《白虎通义》中说："西岳为华山者，华之为言获也。言万物生华，故曰华山。"即"华"同"获"。

　　由于华山太险，所以唐代以前很少有人登临。历代君王祭西岳，都是在山下西岳庙中举行大典。《尚书》载，华山是"轩辕皇帝会群仙之所"。《史记》载，黄帝、虞舜都曾到华山巡狩。秦朝时，秦昭王命工匠施钩搭梯攀上华山。魏晋南北朝时，还没有通向华山峰顶的道路。直到

唐朝，随着道教兴盛，道徒开始居山建观，逐渐在北坡沿溪谷而上开凿了一条险道，形成了"自古华山一条路"。

华山上的观、院、亭、阁皆依山势而建，一山飞峙，恰似空中楼阁，而且有古松相映，更是别具一格。山峰秀丽，又形象各异。

东峰海拔 2096.2 米，是华山主峰之一，因位置居东得名。峰顶有一平台，居高临险，视野开阔，是著名的观日出的地方，人称朝阳台，东峰也因之被称为朝阳峰。

东峰由一主三仆 4 个峰头组成。朝阳台所在的峰头最高，

险峻的华山

玉女峰在西、石楼峰居东、博台峰偏南，宾主有序，各呈千秋。古人称华山三峰，指的是东西南三峰，玉女峰是东峰的一个组成部分。今人将玉女峰称为中峰，使其亦作为华山主峰单独存在。

东峰顶长满巨桧乔松，浓荫蔽日，环境非常清幽。游人自松林间穿行，上有绿荫如伞如盖，耳畔阵阵松涛，如吟如咏，顿觉心旷神怡，超然物外。明书画家王履在《东峰记》中谈他的体会说：高大的桧松荫蔽

峰顶，树下石径清爽幽静，风穿林间，松涛涌动更添一段音乐般的韵致，其节律此起彼伏，好像吹弹丝竹，敲击金石，十分美妙。

　　东峰有景观数十余处，位于东石楼峰侧的崖壁上有天然石纹，像一个巨型掌印，这就是被列为关中八景之首的华岳仙掌，巨灵神开山导河的故事就源于此；朝阳台北有杨公塔，与西峰杨公塔遥遥相望，为杨虎城将军所建，塔上有杨虎城将军亲笔所题"万象森罗"四字。此外，东峰还有青龙潭、甘露池、三茅洞、清虚洞、八景宫、太极东元门等景观。遗憾的是有些景观因年代久远或天灾人祸而废，现仅存遗址。20世纪80年代后，东峰部分景观逐步得以修复，险道整修加固，亭台重新建造。在1953年毁于火患的八景宫旧址上，已重新矗立起一栋两层木石楼阁，是为东峰宾馆。

华山云海

南峰海拔 2154.9 米，是华山最高主峰，也是五岳最高峰，古人尊称它是"华山元首"。登上南峰绝顶，顿感天近咫尺，星斗可摘。举目环视，但见群山起伏，苍苍莽莽，黄河渭水如丝如缕，漠漠平原如帛如如绵，尽收眼底，使人真正领略华山高峻雄伟的博大气势，享受如临天界，如履浮云的神奇情趣。

峰南侧是千丈绝壁，直立如削，下临一断层深壑，同三公山、三凤山隔绝。南峰由一峰二顶组成，东侧一顶叫松桧峰，西侧一顶叫落雁峰，也有说南峰由三顶组成，把落雁峰之西的孝子峰也算在其内。这样一来，落雁峰最高居中，松桧峰居东，孝子峰居西，整体像一把圈椅，三个峰顶恰似一尊面北而坐的巨人。明朝人袁宏道在他的《华山记》一书中记述南峰形象说："如人危坐而引双膝。"

西峰海拔 2082.6 米，亦是华山主峰之一，因位置居西得名。又因峰巅有巨石形状好似莲花瓣，古代文人多称其为莲花峰、芙蓉峰。袁宏道在他的《华山记》中记述："石叶上覆而横裂"；徐霞客《游太华山日记》中也记述："峰上石耸起，有石片覆其上，如荷花。"李白诗中有"石作莲花云作台"句，也当指此石。

西峰为一块完整巨石，浑然天成。西北绝崖千丈，似刀削锯截，其陡峭巍峨、阳刚挺拔之势是华山山形之代表，因此古人常把华山叫莲花山。

登西峰极目远眺，四周群山起伏，云霞四披，周野屏开，黄渭曲流，置身其中如入仙乡神府，万种俗念，一扫而空。宋名隐士陈抟在他的《西峰》诗中就有"寄言嘉遁客，此处是仙乡"的名句。

西峰南崖有山脊与南峰相连，脊长 300 余米，石色苍黛，形态好像一条屈缩的巨龙，人称为屈岭，也称小苍龙岭，是华山著名的险道之一。

西峰上景观比比皆是，有翠云宫、莲花洞、巨灵足、斧劈石、舍身崖等，并伴有许多美丽的神话传说，其中尤以沉香劈山救母的故事流传最广。峰上崖壁题刻遍布，工草隶篆，琳琅满目。峰北绝顶叫西石楼峰，峰上杨公塔为杨虎城将军所建，塔上有杨虎城将军亲笔题词。塔下岩石上有"枕破鸿蒙"题刻，是书法家王铎手迹。

北峰海拔1614.9米，也为华山主峰之一，因位置居北得名。北峰四面悬绝，上冠景云，下通地脉，巍然独秀，有若云台，因此又名云台峰。大诗人李白在《西岳云台歌送丹丘子》诗写到："三峰却立如欲摧，翠崖丹谷高掌开。白帝金精运元气，石作莲花云作台。"

峰北临白云峰，东近量掌山，上通东西南三峰，下接沟幢峡危道，峰头是由几组巨石拼接，浑然天成。绝顶处有平台，原建有倚云亭，现留有遗址，是南望华山三峰的好地方。峰腰树木葱郁，秀气充盈，是攀登华山绝顶途中理想的休息场所，1996年开通的登山缆车上站，即在峰之东壁。

峰上景观颇多，有名的有真武殿、焦公石室、长春石室、玉女窗、仙油贡、神土崖、倚云亭、老君挂犁处、铁牛台、白云仙境石牌坊等，且各景点均伴有美丽的神话传说。

真武殿为供奉镇守九州的北方之神真武大帝而筑。焦公石室、仙油贡、神土崖皆因焦道广的传说得名。相传北周武帝时，道士焦旷独居云台峰，餐霞饮露，绝粒辟谷，身边常有三青鸟，向他报告未来之事。武帝宇文邕闻知他的大名，便亲临山庭问道，并下令在焦公石室前建宫供他居住。筑宫时，峰上无土缺乏灯油，焦道广默祷，便有土自崖下涌出，源源不绝。油缸里的油也隔夜自满，用之不竭。后来人们就把涌土的地方叫神土崖，把放油缸的地方叫仙油贡。

长春石室是唐贞观年间道士杜杯谦隐居之处。传说杜杯谦苦心修炼断谷绝粒，喜好吹奏长笛，经常叫徒弟买回很多竹笛，吹奏完一曲，就把笛投于崖下，投完后再买，往而复始，从不间断。因他能栖息崖洞中累月不起，便自号长春先生。

由于天灾人祸，北峰诸多景观废毁，仅存遗迹，有的因年代久远已鲜为人知。

中峰 2037.8 米，居东、西、南三峰中央，是依附在东峰西侧的一座小峰，古时曾把它算作东峰的一部分，今人将它列为华山主峰之一。峰上林木葱茏，环境清幽，奇花异草多不知名。峰头有玉女祠，传说是春秋时秦穆公之女弄玉的修身之地，因此又被称为玉女峰。

中峰多数景观都与弄玉的故事有关。如玉女崖、玉女洞、玉女石马、玉女洗头盘等。玉女祠建在峰头，传说当年秦穆公追寻女儿来到华山，一无所获，绝望之余只好建祠纪念。祠内原供有玉女石像一尊，另有龙床及凤冠霞帔等物，后全毁于天灾人祸。今祠为后人重建，玉女塑像为 1983 年重塑，其姿容端庄清丽，古朴严谨。

峰上还有石龟躜、无根树、舍身树等景观，与其相关的传闻都妙趣横生，从不同角度丰富了中峰的内涵，增添了中峰的神奇与美丽。

古人抒写玉女及玉女峰的诗文较多。唐诗人杜甫在他的《望岳》诗中有"安得仙人九节杖，拄到玉女洗头盘"句；唐诗人王翰有《赋得明星玉女坛送廉察尉华阴》诗；明顾咸正《登华山》诗中有"金神法象三千界，玉女明妆十二楼"句等。这些诗文更为中峰锦上添花，是不可多得的研究中峰的宝贵资料。

黄　山

　　黄山在安徽黄山市，方圆 250 千米，精华部分 154 平方千米，是我国最著名的风景区之一，也是世界知名的游览胜地。这里山峰劈地摩天，气象万千；青松苍郁枝虬，刚毅挺拔，千姿万态；烟云翻飞缥缈，波澜起伏，浩瀚似海；巧石星罗棋布，竞相崛起，惟妙惟肖；温泉终年喷涌，可饮可浴。奇松、怪石、云海、温泉，堪称"四绝"；湖、瀑、溪、潭争奇斗艳。著名胜景有二湖、三瀑、二十四溪、七十二峰。泰岱之雄伟，华山之峻峭，衡岳之烟云，匡庐之飞瀑，雁荡之巧石，峨眉之清凉，黄山莫不兼而有之。黄山还是研究第四纪地质重要基点，著名地质学家李四光考察发现的冰川遗迹，至今仍隐约可见。唐诗人李白曾赋诗曰："黄山四千仞，三十二莲峰。丹崖夹石柱，菡萏金芙蓉。伊昔升绝顶，下窥天目松。"明著名地理学家徐霞客赞称："五岳归来不看山，黄山归来不看岳"。"薄海内外无如徽之黄山，登黄山天下无山，观止矣！"当地还流传着许多动人的神话故事，使黄山风光更染上了一层神奇的色彩。新中国成立后，成立了专门管理机构，整修、增设风景区的名胜古迹。

　　天都峰在黄山东南部，西对莲花峰，东连钵盂峰，海拔 1810 米，为三大主峰（莲花、天都、光明顶）中最险峻者，古称群仙所都，意为天上都会。峰顶平如掌，有"登峰造极"石刻，中有天然石室，可容百人，室外有石，像醉汉斜卧，名仙人把洞门。峰顶极难登，明万历四十二年（公元 1614 年），普门和尚历经千险，始至峰顶。后人凿石开路，装置石柱、铁链扶栏，今游人可安全登临。峰头远眺，云山相接，江河一线，俯瞰群山，千峰竞秀，古有诗赞曰："任他五岳归来客，一见天都也叫奇。"

莲花峰在黄山中部，海拔 1873 米，为三大主峰中最高峰。其峻峭高耸，气魄雄伟，主峰突出，小峰簇拥，俨若一朵初开新莲，仰天怒放。绝顶处方圆丈余，名曰石船，置身于此，大有顶天立地之感。

光明顶在黄山中部，海拔 1841 米，为三大主峰中的第二高峰。因地势高旷，为看日出、观云海的最佳处：东观"东海"奇景；西望"西海"群峰；向南，炼丹、天都、莲花、玉屏、鳌鱼诸峰尽收眼底。

"炼丹峰"在黄山中部，海拔 1827 米，《黄山志》列其为三十六大

黄山天都峰

峰之首。峰上有石室，室内有炼丹灶；峰前有炼丹台，广可容万人。玉屏、天都、莲花、大悲顶诸峰耸立台前。台向东南倾斜，谷深莫测。台下有炼丹源，源中巧石林立，佳木密布。台与晒药岩隔谷相望。

狮子峰在黄山北部，海拔 1690 米，因峰形似卧地雄狮，故名。狮首有丹霞峰，腰有清凉台，尾有曙光亭；狮张口处有狮林精舍、狮子林等庙宇；近有宝塔、麒麟等奇松，蒲团、凤凰等古柏，四季喷涌的天眼泉。这一带风景多且集中，俗称："没到狮子峰，不见黄山踪"。

始信峰在黄山东部，海拔 1668 米。传说一位古人持怀疑态度游山，到此始信黄山可爱，故名。这里巧石争妍，奇松林立，三面临空，悬崖千丈，石笋峰、上升峰左右陪衬，成鼎足之势。峰巅有渡仙桥，桥畔石隙有状似接引仙人渡桥的接引松。历史上文人雅士登峰饱览山景、饮酒抚琴，故此峰又有琴台之称。

鳌鱼峰在黄山中部，海拔 1780 米，因其形似张嘴待食的鳌鱼，故名。脚下有三角形的鳌鱼洞，洞额刻"天造"二字，洞内有梯道，游人经梯道自洞内出入，如鳌鱼吞吐状。

"西海群峰"在黄山西部，是黄山风景中最秀丽、深邃之处。挺立的山峰如无数利剑直插霄汉，知名者有双笋峰、石床峰、尖刀峰、飞来峰。大峰磅礴，小峰重叠，每当云雾萦绕，层层叠叠的峰峦时隐时现，酷像浩瀚大海中的无数岛屿。悬崖峭壁间建有排云亭，扶栏凭眺：仙人晒鞋、仙人晒靴、仙人踩高跷、仙女绣花、老僧打钟、武松打虎等奇观，历历可数。

"芙蓉岭"在黄山北部，是北路登山的必经之地。岭上有芙蓉洞，游人必须穿洞上山，在洞中举目远眺，群峰高耸，溪水如带。逾洞越岭而下有芙蓉居（亦称芙蓉庵）。岭右有芙蓉峰，峰似一朵出水芙蓉，艳丽无比。前人有诗赞曰："谁把芙蓉云外栽，亭亭秀丽四时开。清霄皓月峰头挂，宛似佳人对镜台。"

"迎客松"在黄山南部玉屏楼东，文殊洞顶。松破石而长，枝干苍劲，形态优美，寿逾千年，世称黄山十大名松之冠。一枝长丫低垂文殊洞口，恰似好客的主人伸手迎接四面八方来客，故名。

黄山迎客松

"一线天"在黄山南部玉屏峰，为登玉屏峰顶之要道。道在两峰之间，狭长如巷，只容一人通过，曲折如蚁穿珠。仰望高空，蓝天一线，故名。

"蓬莱三岛"在黄山南部玉屏峰。过一线天，登数十级，回首再望，可见三座参差不齐的石峰，峰上奇松挺拔，峰下白云荡漾，宛若仙境，人称蓬莱三岛。

"鲫鱼背"在黄山天都峰上，是登天都途中最峭险处，长10余米，宽约1米，纯石无土，似露出水面的鱼脊，故名。两侧深壑万丈，前人谓"天都欲上路难通"，即指此处。险峰之上，风光无限。

在黄山圣泉峰下有一"醉石",为一巨石。传说唐诗人李白在此饮酒听泉,不知不觉醉倒石上;或说,李白在此把酒吟诗,酒醉绕石三呼,故名。石旁有洗杯泉,亦传李白在此洗盏更酌。石上有明嘉靖题刻,近处有鸣弦泉、三叠泉、刘海戏金蟾诸名胜。

"九龙瀑"在黄山罗汉峰与香炉峰之间,为黄山最壮丽的瀑布。其源于天都、玉屏、炼丹、仙掌诸峰,飞流九折而下,一折一潭,瀑折为九,故名九龙瀑。大雨之后,飞瀑宛如9条白龙,腾空起舞,气势磅礴,堪与庐山飞瀑比美,古人有诗赞曰:"飞泉不让匡庐瀑,峭壁撑天挂九龙。"

清凉台,在狮子峰腰部海拔1700余米,是黄山后山观云海和日出的最佳处。台凸出在三面临空的危岩上,周置栏杆,游人凭栏远眺:台下是峰云绝妙的后海,台侧有破石、扇子等古老奇松,附近有望仙台、猴子观海、猪八戒吃西瓜等著名风景。

"百丈瀑"在黄山青潭、紫云峰之间,顺千尺悬崖而降,形成百丈瀑布,故名。枯水季节涓涓细流,如轻纱缥缈,称百丈泉,泉上为布水源,下为百丈潭。大雨初晴,当山风将飞流吹离岩壁,好像无数条洁白绸带在空中舞动,美妙多姿,观者赞不绝口。

黄山之美,是一种无法用语言来表述的意境之美,有着让人产生太多联想的人文之美。

本篇简介 **B**enpian **B**jianjie　　我国佛教四大名山之一，为举世闻名的普贤菩萨道场。自然景观以"日出"、"云海"、"佛光"、"圣灯"名动天下。

峨眉山

　　峨眉山与山西五台山、浙江普陀山、安徽九华山并称为中国佛教四大名山，是举世闻名的普贤菩萨道场。

　　峨眉山位于四川盆地西南缘。有山峰相对如蛾眉，故名。峨眉山包括大峨眉、二峨眉、三峨眉、四峨眉，主峰海拔 3099 米，高出成都平原 2500～2600 米，为褶皱断块山地，断裂处河谷深切。一线天、舍身崖等绝壁高达 700～850 米。山势雄伟，隘谷深幽，飞瀑如帘，云海翻涌，林木葱茏，有"峨眉天下秀"之称。山上多佛教寺庙，为著名游

峨眉山云海

览地。

峨眉山层峦叠嶂，山势雄伟，景色秀丽，气象万千，素有"一山有四季，十里不同天"之妙喻。清代诗人谭钟岳将峨眉山佳景概括为十种："金顶祥光"、"象池月夜"、"九老仙府"、"洪椿晓雨"、"白水秋风"、"双桥清音"、"大坪霁雪"、"灵岩叠翠"、"罗峰晴云"、"圣积晚钟"。现在人们又不断发现和创造了许多新景观，如红珠拥翠、虎溪听泉、龙江栈道、龙门飞瀑、雷洞烟云、接引飞虹、卧云浮舟、冷杉幽林等。登临金顶极目远望，视野宽阔无比，景色十分壮丽。观日出、云海、佛光、晚霞，令人心旷神怡；西眺皑皑雪峰、贡嘎山、瓦屋山，山连天际；南望万佛顶，云涛滚滚，气势恢弘；北瞰百里平川，如铺锦绣，大渡河、青衣江尽收眼底。置身峨眉之巅，真有"一览众山小"之感叹。

晴空万里时，白云从千山万壑中冉冉升起，顷刻，茫茫苍苍的云海，如雪白的绒毯平铺在地平线上，光洁厚润，无边无涯，似在安息、酣睡。有时，地平线上是云，天空中也是云，人站在两层云之间，极有飘飘欲仙的感受。南宋范成大把云海称作"兜罗绵世界"（兜罗：梵语，树名，它所生的絮名兜罗绵），佛家作"银色世界"。

万佛顶为峨眉山最高峰，海拔 3099 米，取名"普贤住处，万佛围绕"之意。这里是峨眉山原始森林生态旅游区，有万佛阁、高山杜鹃林、黑熊沟、仙人回头等景点。万佛阁高 21 米，雄伟庄严，悬于楼顶的"祝愿古钟"庄重威严。万佛阁撞钟颇有讲究，常撞击 108 次：晨暮各敲一次，每次紧敲 18 次，慢敲 18 次，不紧不慢再敲 18 次，如此反复 2 次，共 108 次。其含义是应全年 12 个月、24 节气、72 气候（5 天为一候），合为 108 次，象征一年轮回，天长地久，祈福国泰民安，人间幸福。佛教也有称击钟 108 次可消除 108 种烦恼与杂念。

峨眉山山区云雾多，日照少，雨量充沛。平原部分属亚热带湿润季风气候，一月平均气温约 6.9℃，七月平均气温 26.1℃。因峨眉山海拔较高而坡度较大，气候带垂直分布明显，海拔 1500～2100 米属暖温带气候；海拔 2100～2500 米属中温带气候；海拔 2500 米以上属亚寒带气候。海拔 2000 米以上地区，约有半年为冰雪覆盖，时间为 10 月到次年 4 月。

峨眉山终年常绿，动植物资源极为丰富，素有"古老的植物王国"之美称。峨眉山植被茂盛，植被随着地势高度而变化，据统计，植物多达 3700 余种。由于特殊的地形、充沛的雨量、多样的气候和复杂的土壤结构，为各类生物的繁衍、生长创造了良好的生态环境。有人说峨眉山植物种类的数量相当于整个欧洲植物种类的总和。在峨眉山生长的植物中，有被称之为植物活化石的珙桐、桫椤；有著名的峨眉冷杉、桢楠、洪椿；有品种繁多的兰花、杜鹃花等，还有许多名贵的药用植物和成片的竹林。这些植物为峨眉山披上秀色，还给各类动物创造了一个天然的乐园。峨眉山有 2300 多种野生动物，其中有珍稀的大熊猫、黑鹳、小熊猫、短尾猴、白鹇鸡、枯叶蝶、弹琴蛙、环毛大蚯蚓等。

峨眉山猴群见人不惊且与人同乐，已成为峨眉山中独具一格的"活景观"。峨眉山灵猴学名藏猕猴，也叫藏酋猴，因为它们尾巴只有 6～10 厘米，比一般猴子的尾巴要短很多，因此也叫"短尾猴"。许多野生猕猴不时出没于路旁，拦住游客索要食物，也为游客增添了不少乐趣。峨眉山野生自然生态猴区是我国目前最大的野生自然生态猴区。

1982 年，峨眉山以峨眉山风景名胜区的名义，被国务院批准列入第一批国家级风景名胜区名单。1996 年，峨眉山与乐山大佛共同被列入《世界自然与文化遗产名录》，成为全人类自然和文化双重遗产。2007 年，峨眉山景区被国家旅游局正式批准为国家 5A 级旅游风景区。

五台山

五台山为我国四大佛教名山之一，在山西五台县东北隅，方圆约250千米，由五座山峰环抱而成。五峰高耸，峰顶平坦宽阔，如垒土之台，故称五台。五峰之外称台外，五峰之内称台内，台内以台怀镇为中心。

五台山是驰名中外的佛教圣地，山中寺庙林立，清流潺潺，青山绿水，风景秀丽。明《清凉山志》载，五台山在东汉永平年间已有寺庙建筑。相传汉明帝刘庄夜梦金人端坐祥云，从西天飘然而来，知是有佛感应，随即派大臣蔡愔、秦景等人向西寻访，拜求佛法。蔡、秦等人在大月氏得到佛经佛像，并巧遇正在当地传教的天竺国（今印度）高僧摄摩腾和竺法兰，即相邀同至中国。永平十年（公元67年），梵僧汉使以白马驮载经卷和佛像到了洛阳。汉明帝一见释迦牟尼佛像，果然和梦中所见一样，越加崇信佛教，遂敕令修建了洛阳白马寺，并请摄摩腾、竺法兰在中国传播佛教。永平十一年，二高僧来到清凉圣境五台山，见五座台顶围护的腹地台怀，其山形地貌与释迦牟尼佛的修行地灵鹫山分不出两样，返回洛阳后就奏请汉明帝在五台山修建寺院。于是，汉明帝颁旨，在五台山修建大孚灵鹫寺。大孚，是弘信的意思。寺曰灵鹫，指东土五台山腹地与西域灵鹫山相仿佛。这样，洛阳白马寺与五台山的大孚灵鹫寺就成为我国最早创建的寺院。大孚灵鹫寺就是现今显通寺的前身。

显通寺在五台山怀镇北侧，是五台山五大禅处之一，规模较大，历史最古。寺周山峦起伏，寺内殿阁巍峨，苍松翠柏，穿插其间，一派佛教圣地风光。据《清凉山志》记载，寺宇面积 8 万平方米，各种建筑400 余间，中轴线殿宇 7 座，无一雷同。两厢配殿严整齐备，斋堂禅院完好无损，其中铜殿 3 间，铸造精巧。柱额花纹，格扇棂花，全以铜铸勾勒而成。铜塔 2 座，高 8 米，形制秀美。门前钟楼，雄伟壮观，内悬万斤铜钟，击声可及全山。砖构无量殿，宽 7 间深 4 间，重檐歇山顶，规模宏伟，砖雕精致，内供无量寿佛，上部藻井，镂刻富丽。还有大雄宝殿、明版藏经、华严经字塔及各种供器，均为有价值的历史遗物。

　　显通寺南侧是塔院寺，五台山五大禅处之一。这里原是显通寺的塔院，明代重修舍利塔时独立为寺，改用今名。寺前有木牌坊 3 间，玲珑雅致，为明万历年间所筑。寺内主要建筑大雄宝殿在前，藏经阁在后，舍利塔位居其中，周设廊屋，东列禅院，布局完整。各殿塑像保存完

五台山显通寺

好，藏经阁内木制转轮藏 20 层，各层满放藏经，供信士礼拜与僧侣颂诵。寺内以舍利塔为主，塔基座正方形，藏式，总高约 60 米，全部用米浆拌和石灰砌筑而成。在青山绿丛之中，高耸的白塔格外醒目。人们把它看作五台山的标志。

菩萨顶在显通寺北侧灵鹫峰上，亦是五台山五大禅处之一。五台山传为文殊菩萨道场，菩萨顶传为文殊居住处，故又名真容院，亦称文殊寺。创建于北魏，历代重修，现存建筑为清代遗构，形制、手法及雕刻艺术，多参照皇宫官式营造。寺居山头，地势较高，门前筑石阶 108 级，石级上有牌坊 3 间。山门内有天王殿、钟鼓楼、菩萨殿、大雄宝殿等主要建筑。两侧有配殿，后部有禅院、围廊，规模完整，布局严谨。全部建筑均用三彩琉璃瓦覆盖，历经几百个寒暑，色泽如新，其中尤以孔雀蓝釉色最引人注目。寺内康熙御碑方座螭首，矗立在前院。乾隆御碑在东禅院碑亭内，用方形巨石雕成，碑高 6 米，每面宽及 1 米，用汉、满、蒙、藏 4 种文字镌刻。

殊像寺在台怀镇杨林街西南里许，是五台山五大禅处之一。因寺内供文殊像而得名。始建于唐，元延祐年间重建，后毁于火，明成化二十三年（公元 1487 年）再建。山门、天王殿为前列，廊庑配殿为两翼，禅堂方丈室居后，正中建文殊阁五楹及钟鼓二楼。僧舍厨厨俱备。阁内全部塑像皆为明物，形象秀美，工艺精巧。佛像居于龛背面倒座之上，颇为特殊。

罗睺寺在显通寺东隅，是喇嘛庙，也是五台山五大禅处之一。唐时初创，明弘治五年（1492 年）重建。清康熙、雍正、乾隆三帝崇佛法，尤崇喇嘛，多次朝台，又予修饰。现存天王殿、文殊殿、大佛殿、藏经阁、厢房、配殿、廊屋、禅院以及各殿塑像、殿顶脊饰等，齐备无损，是五台山保存完好的大型寺庙之一。南山寺为枯国寺、极乐寺、善德堂的合称，在台怀镇南 3 千米山腰。元贞二年（公元 1296 年）创建，明嘉靖二十年（公元 1541 年）重建，清代增修，将三寺合并，改称今名。

南山寺

民国初年又予扩建，全部联成一体。寺区背山面水，林阴蔽日。寺依山势建造，高低错落，层叠有致，有亭台楼阁、殿堂古塔 300 余间。寺前坡道林阴覆盖，山门下筑石磴 108 级，门前影壁砖雕细致，门上钟楼建造精巧。寺内殿宇形式结构各具特色，台级甚多，两侧栏板望柱上雕人物、花卉、鸟兽、故事等图案。各殿檐坎墙或墀头下肩上，装饰各种石雕人物、花卉、山水图案，内容有神话传说、戏剧人物、历史故事等，突破佛教教义范畴。各殿檐下，木雕图案精致，饰以彩绘贴金，更为富丽堂皇。大雄宝殿内塑释迦牟尼及二弟子和胁侍菩萨，石雕汉白玉送子观音，工艺尤精。两侧明代塑像十八罗汉，是五台山罗汉中的佳品。墙壁上满绘佛传故事，笔力流畅，色泽浑厚，是明代原作。寺内"真如自在"石刻一方，是慈禧所书。五台诸寺雕刻艺术，以南山寺为冠。

我国四大佛教名山之一，首批国家重点风景名胜区。自然景色与人文景观相互融合构筑了它"江南第一山"的美誉。

九华山

九华山原名九子山，中国佛教四大名山之一，在安徽青阳县西南，面积100余平方千米。九华山有99峰，以天台、莲华、天柱、十王等九峰最为雄伟。《太平御览》载，此山（九华山）奇秀，高出云表，峰峦异状，其数有九，故名九子山。唐诗人李白有"昔在九江上，遥望九华峰，天河挂绿水，绣出九芙蓉"诗，从此更名九华山。山中多溪流、瀑布、怪石、古洞、苍松、翠竹，水光山色，独特别致，名胜古迹，遍布其间。唐刘禹锡赞其"奇峰一见惊魂魄"，宋王安石誉为"楚越千万山，雄奇此山兼"，素有"东南第一山"之称。

天台峰又称天台正顶，海拔1325米，为九华山极顶。东有龙头峰（又名青龙背），西有龙珠峰（又名天台冈），两峰间有拱形石桥，桥梁横刻"中天世界"四字。由桥下进天台寺。龙头峰上有平台，约20平方米，台上有捧日亭，亭六角形，前立铁鼎，有铁栏环护。天台峰最高处名云峡，有两大岩石，并立为门，下宽上窄，从岩隙仰视，蓝天一线，又名一线天。此处是观九华全景、看云海日出最佳处、"天台晓日"为九华十景之一。前人有"石梯云折断，松涧水飞还"诗句绘其险。

天柱峰原名天柱石，在九华山天台峰北3.5千米，海拔1002米。峰如巨鳌，顶有角，直插云霄，孤峰突兀，危柱擎天。李白登天柱石诗云："步栏绕碧落，倚树招青童。"峰旁有岩石五，挺峙环立，如五老游天柱，号曰"天柱仙踪"。

九子峰又名九子岩，在九华后山，青阳县南20千米，海拔约800米。《九华山志》云："九华山原名九子，是以一岩之名名全山，今全山名改，而本岩名不改。"峰顶有小峰九，状如婴儿，回环向背，团聚而嬉，故名九子。下有九子寺，建筑宏伟，寺左有七布泉，音如钟鼓不绝，寺右有垂云洞，声如环佩合鸣，素称九子听泉。此为避暑胜境。

东崖古称东峰，又名东岩、舍身崖。在九华山化城寺东1.5千米许。西有天池、龙女泉、闵公墓、通慧

九华山化城寺

禅院、太白书堂遗址。上有巨石突兀，状如苍龙昂首，有角、有齿、有鳞甲，观似艨艟巨舰，上刻"石舫"二字，素有"东崖云舫"称号。东有堆云洞，又名地藏洞。古有晏坐堂，以祀金地藏，明万历间扩建为东崖禅寺。1933年毁于火，仅存钟亭，亭二层，六角，内悬古"幽冥钟"，钟声浑厚绵长，响播全山。

"凤凰松"在九华山闵园。传为神僧杯渡手植，至今已1400余年。松针茂密，苍翠欲滴，高3米处，枝分三股，中间上伸，形曲，似凤凰昂首；一微曲平缓下伸，如凤尾后垂；一斜伸微翘分两翼，类凤凰展翅。时人誉为天下第一松。

九华山凤凰松

　　九华山溪水清澈，泉、池、潭、瀑众多。有龙溪、舒溪、曹溪、九子溪等，源于九华山名峰之间，逶迤秀丽，闪现于绿树丛中。龙溪上有五龙瀑，飞泻龙池，喷雪跳玉，极为壮观。

　　化城寺在九华山中心，南对芙蓉峰，东有东崖，西为神光岭，北倚白云山，四山环绕如城。古人有"内外峰围涌玉莲，过桥崖塔迥诸天"诗句述其境。寺依山建筑，前后四进，随地势逐级升高，气宇轩昂，庄严古朴，为九华山开山寺，著名丛林。《九华山志》载：唐至德二年（公元 757 年），青阳人诸葛节等建寺，请金地藏居之。唐建中二年（公元 781 年）辟为地藏道场，皇帝赐额"化城寺"。明宣宗、神宗，清康熙、乾隆帝，均书匾额并赐金修葺。今寺仍藏有明代谕旨、藏经等珍贵文物。

　　祇园寺原名祇树庵、祇园，在化城寺东、东崖西麓。始建于明嘉靖年间，清代几经重修和增建，规模为全山寺院之冠。清嘉庆间，隆山禅师主持开坛传戒，香火日盛，扩建殿宇，成为十方丛林。寺前铺石雕莲花、金钱图案甬道。大雄殿高约 13 丈（1 丈＝3.3333米），覆以金黄琉璃瓦，飞檐画栋，金碧辉煌。诸殿佛像庄严，大雄殿所供三尊大佛和海岛观音尤为壮观。

　　"天台寺"又名地藏禅林，在天台峰捧日亭北。始建于明，清光绪间重修。依山势高低构成楼阁，上下 5 层，有万佛楼、地藏殿等，内供释迦牟尼、金地藏、弥勒等佛像，

　　甘露寺在九华山北半山腰，为九华山第一景。清康熙六年（公元1667 年），有玉琳国师奉旨进香九华，见此地山水环拱，于是倡在此立寺。动工之夕，满山松竹皆滴甘露，兼取义佛经，名甘露寺。清同治年间重修。寺依山而建，高达 5 层，琉璃瓦顶，金光闪耀，四周翠竹修林，蔽天遮日。寺旁有定心石，嵯峨陡峭，行人坐在石上，清风拂来，竹海松涛，使人心宁身爽。

武夷山

　　武夷山在福建崇安县城南 15 千米，是我国著名的风景区；方圆 60 千米，四面溪谷环绕，不与外山相连，有"奇秀甲于东南"之誉。主要风景是"溪曲三三水"（九曲溪）、"山环六六峰"（三十六峰）。

　　九曲溪发源于武夷山森林茂密的西部，水量充沛，水质清澈，全长 62.8 千米，流经中部的生态保护区，蜿蜒于东部丹霞地貌，形成深切河曲，在峰峦岩壑间萦回环绕。九曲溪两岸是典型的单斜丹霞地貌，分布着 36 奇峰、99 岩，所有峰岩顶斜、身陡、麓缓，昂首向东，如万马

武夷山一线天

奔腾，气势雄伟，千姿百态。优越的气候和环境，又为群峰披上一层绿装，山麓峰巅、岩隙壑嶂都生长着翠绿的植被，造就了"石头上长树"的奇景，构成了罕见的自然山水景观。

大王峰又名天柱峰，雄踞在九曲溪口，是进入武夷山的第一峰，有仙壑王之称。峰顶古木参天，有天鉴池、投龙洞、仙鹤岩、升真观遗址诸胜。峰高数百仞，顶大腰细，四壁陡峭，南壁直立裂罅，宽尺许，有重叠架设木梯和岩壁踏脚石孔可攀。登其巅，放眼四望，武夷三十六峰皆朝拱此峰，若王者之尊，令人心旷神怡，倍觉山河雄伟壮丽。古人说："不登大王峰者，有负武夷之游。"

在武夷山六曲北岸苍屏峰与北廊岩之间有"小桃源"，以风光近似武陵桃源而得名。这一带多为悬岩削壁，有松鼠涧疾流夺谷而出。沿涧入谷里许，乱石塞谷断流，有巨石相倚成洞；曲转而上，见一石门楹刻："喜无樵子复观弈，怕有渔郎来问津。"过石门豁然开朗，四山环绕中有田园十数亩，有庐舍、桃园、竹林、石池、小涧。乍一回顾，仿佛来处并无门径。正是"桃源昔何似，此中疑与同"！宋儒陈普、吴正理等曾隐居于此。旧有桃源庵，今改为茶室。

"天心岩"在武夷山东北部。山北著名的名胜古迹，如流香涧、玉柱峰、慧苑、鹰嘴岩、水帘洞、杜辖岩、马头岩等都在它的周围。岩下有寺，初名永乐庵，明嘉靖七年（公元1528年）改名天心庵，清代改名永乐禅寺，楼阁嵯峨，是全山最大的寺院之一。天心岩是武夷山产茶区之一，寺西九龙窠山腰，是驰名中外的大红袍岩茶产地。大红袍以早春幼芽勃发、通树艳红似火袍而得名，现仅有三丛，极为名贵。

"天游峰"在武夷山五曲隐屏峰后，巍然高耸，独出群峰，常云雾弥漫。登其巅，观云海，有如天上游峰，故称天游。"天游巅"为武夷第一胜地。绝顶有一览亭，高踞万仞之巅，四周有诸名峰拱卫，三面有九曲溪环绕，武夷全景尽收眼底。徐霞客评点说："其不临溪而能尽九曲之胜，此峰固应第一也。"天游峰有上下之分，天游观、胡麻涧均在下天游，此地古木阴荫，洞旁题刻纵横，又有妙高台、振衣岗、天游馆诸胜。

"水帘洞"北距天心岩1千米，是武夷山最大的岩洞，有"山中最胜"之称。岩壁高宽各数十米，上凸下凹，形成岩穴。洞内敞亮可容千人，依崖散建数座不施片瓦的庙宇，中以祀宋代刘子晏、朱熹、刘甫的三贤祠最为著名。岩顶有两道终年不竭的流泉，微风吹动，化为水珠，俨若悬挂洞顶的两幅珠帘，注入岩下浴龙池。洞壁有"水帘千丈垂丹壑，晴雪长年舞翠檐；赤壁千寻晴拂雨，明珠万颗昼垂帘"等题刻。

"玉女峰"在武夷山二曲溪南，突兀挺拔，岩石秀润光洁，峰顶草木参簇，宛如山花插鬓的亭亭玉立少女，故名。此峰与大王峰隔岸相峙，其间横亘一堵黛色岩石，名曰铁板嶂。峰下有浴香潭，传说是玉女沐浴之处；右侧有一圆石叫镜台，为玉女梳妆之所。相传大王玉女互爱，因铁板嶂从中阻梗，被永远隔开，只好凭借镜台，泪眼相望。因此，铁板嶂被骂为铁板鬼。

武夷山保存了世界同纬度带最完整、最典型、面积最大的中亚热带原生性森林生态系统，发育有明显的植被垂直带谱：随海拔递增，依次

武夷山天游峰

分布着常绿阔叶林带、针叶阔叶过渡带、温性针叶林带、中山苔藓矮曲林带、中山草甸 5 个植被带；分布着南方铁杉、小叶黄杨、武夷玉山竹等珍稀植物群落，几乎囊括了中国亚热带所有的亚热带原生性常绿阔叶林和岩生性植被群落。

武夷山属中亚热带季风气候区，区内峰峦叠嶂，高差悬殊，绝对高差达 1700 米。良好的生态环境和特殊的地理位置，使其成为地理演变过程中许多动植物的"天然避难所"，物种资源极其丰富。

武夷山已知植物 3728 种。种子植物类数量在中亚热带地区位居前列，有中国特有属 27 属 31 种，有 28 种珍稀濒危种列入《中国植物红皮书》，如鹅掌楸、银钟树、南方铁杉、观光木、紫茎等。武夷山兰科植物尤其丰富，已知有 32 属 78 种。武夷山的古树名木具有古、大、珍、多的特点，如武夷宫 880 余年树龄的古桂、980 余年树龄的南方红豆杉等，具有极高的科研和保存价值。

武夷山已知动物种类有 5110 种，其中：哺乳纲 71 种，鸟纲 256 种，鱼纲 40 种，两栖纲 35 种，爬行纲 73 种，昆虫已定名 4635 种（其中有 700 余个新种，20 种中国新纪录）。在动物种类中尤以两栖、爬行类和昆类分布众多而著名于世。中外生物学家把武夷山称为"研究两栖、爬行动物的钥匙"、"鸟类天堂"、"蛇的王国"、"昆虫世界"。目前，已列入国际《濒危物种国际贸易公约》的动物有 46 种，黑麂、黄腹角雉等 11 种列入一级保护。属中日、中澳候鸟保护协定保护的种类有 97 种。中国特有野生动物 49 种。

大自然赐予了武夷山独特和优越的自然环境，吸引了历代高人雅士、文臣武将在山中或游览、或隐居、或著述、或授徒，前赴后继，你来我往，在九曲溪两岸留下了众多的文化遗存：有高悬崖壁数千年不朽的架壑船棺 18 处；有朱熹、游酢、熊禾、蔡元定等鸿儒大雅的书院遗址 35 处；有堪称为中国古书法艺术宝库的历代摩崖石刻 450 多方，其中有古代官府和乡民保护武夷山水和动植物的禁令 13 方；有僧道的宫观寺庙及遗址 60 余处。这些遗存星罗棋布，如璀璨的宝石镶嵌于武夷山的溪畔山涧、峰麓山巅、岩穴崖壁，将古人的智慧、先哲的思想、人民的劳动融于自然山水之间，为武夷山增添了浓郁的文化气息，达到天人合一的境界，给人以浑然天成的和谐美感。这在我国的诸多景观中是极为罕见的。1982 年，武夷山作为我国著名的旅游胜地，以福建武夷山风景名胜区的名义，被国务院批准列入第一批国家级风景名胜区名单。2007 年 5 月 8 日，南平市武夷山风景名胜区经国家旅游局正式批准为国家 5A 级旅游景区。1999 年 12 月武夷山被联合国教科文组织列入《世界遗产名录》，荣膺"世界自然与文化双重遗产"，成为全人类共同的财富。

武当山

武当山，又名太和山、仙室山，古有"太岳"、"玄岳"、"大岳"之称。它位于中国湖北省西北部丹江口市境内，西界堵河，东界南河，北界汉江，南界军店河、马南河，背倚苍茫千里的神农架原始森林，面临碧波万顷的丹江口水库（中国南水北调中线工程取水源头），是联合国公布的世界文化遗产地，是中国国家重点风景名胜区、道教和武当拳发源地。

武当山成为著名的仙山福地如同全国其他名山一样，有赖于其特殊的地理环境和自然优势。武当山处于中国腹地，方圆400余里，高险幽深，飞云荡雾，磅礴处势若飞龙走天际，灵秀处美似玉女下凡来，被誉为"亘古无双胜境，天下第一仙山"。

武当山山体四周低下，中央呈块状凸起，多由古生代千枚岩、板岩和片岩构成，局部有花岗岩。岩层节理发育，并有沿旧断层线不断上升的迹象，形成许多悬崖峭壁的断层崖地貌。山地两侧多陷落盆地，如房县盆地、郧县盆地等。气候温暖湿润，年降水量900～1200毫米，多集中在夏季，为湖北省暴雨中心之一。原生植被属北亚热带常绿阔叶林、落叶阔叶混合林；次生林为针阔混交林和针叶林，主要有松、杉、桦、栎等。药用植物有400多种，产曼陀罗花、金钗、王龙芝、猴结、九仙子、天麻、田七等名贵药材。

武当山有七十二峰、三十六岩、二十四涧、十一洞、三潭、九泉、十池、九井、十石、九台等胜景，风景名胜区以天柱峰为中心，有上、下十八盘等险道及"七十二峰朝大顶"和"金殿叠影"等奇景。明代地理学家、旅行家徐霞客赞颂武当山"山峦清秀、风景幽奇"。

武当山还保存有规模宏伟的道教建筑群和众多的文物古迹。古建筑群分布在主峰以北，多集中在古东神道两侧。唐贞观年间建五龙祠于此，宋、元建筑增多。明永乐年间大兴土木，建成33个规模宏大的宫观建筑群、39道桥梁、12座亭台及山石砌成的"神道"，建筑总面积达160多万平方米。2万多间宫观建筑绵延70千米。至今保存较完整的有玄岳门、遇真宫、磨针井、复真观、元和观、紫霄宫、南岩天乙真庆宫石殿、太和宫、铜殿和金殿。建于天柱峰绝顶的金殿又称金顶，为四坡重檐歇山式宫殿，由铜铸鎏金构件铆榫拼焊而成，总重约90吨，是中国现有最大铜建筑物。

除古建筑外，武当山尚存珍贵之物7400多件，尤以道教之物著称

武当山古建筑群

于世，故被誉为"道教之物宝库"。

1994 年 12 月 15 日，武当山古建筑群被列入《世界文化遗产名录》。1995 年 6 月 29 日，联合国教科文组织和中国国家文物局在北京人民大会堂西藏厅举行隆重的世界遗产证书颁发仪式。武当山被授予《世界文化遗产名录》证书。

武当山神奇的自然景观和丰富的人文景观融为一体，其物华天宝又兼具人杰地灵的特质，给世人留下极大的想象空间。作为中华民族大好河山的一块瑰宝，令世人神往，让我们走进钟灵毓秀、自然天成的武当山，去感悟她的玄妙、空灵和神韵。

长白山

　　长白山是我国与五岳齐名、风光秀丽、景色迷人的关东第一山，因其主峰白头山多白色浮石与积雪而得名，素有"千年积雪万年松，直上人间第一峰"的美誉。

　　长白山位于欧亚大陆东端、吉林省东南部，地处延边朝鲜族自治州和白山地区境内，在中朝两国边境上，海拔 2500 米以上的山峰有 16 座，总面积 8000 余平方千米；北起吉林省安图县的松江镇，西始于抚松县松江河旅游开发区，东止于和龙县境内的南岗岭，南部一直伸到朝鲜境内。长白山是关东各族人民世代繁衍生息的摇篮、东三省地区的生态屏障、满族的发祥地，清朝时期定它为圣地。

　　在亿万年以来的地质历史上，长白山地区经历了沧海桑田的变迁。最初，这里被海水淹没，到处是一片汪洋大海，后来由于地壳的上升，海水退出，地表重新露出水面，在阳光、雨水和气候变化等外力作用下，地面岩石遭受风化和破坏，最后长白山还经历了火山爆发和冰川的雕琢，形成今天的地貌景观。

　　长白山是一座休眠火山，由于其独特的地质结构形成不同于其他山脉的奇妙景观。天池是长白山最为著名的景观，位于长白山主峰火山锥体的顶部，是我国最大的火山口湖，荣获海拔最高的火山湖吉尼斯世界纪录。池水碧绿清澈，是松花江、图们江、鸭绿江的三江之源。从天池倾泻而下的长白飞瀑，是世界落差最大的火山湖瀑布，它轰鸣如雷，水

长白山天池

花四溅，雾气遮天。位于冠冕峰南的锦江瀑布，两次跌落汇成巨流，直泻谷底，惊心动魄，与天池瀑布一南一北，遥相呼应，蔚为壮观，生动地再现了"疑似龙池喷瑞雪，如同天际挂飞流"的神奇境界，游者身临其境，会产生细雨飘洒、凉透心田的惬意感受。鸭绿江大峡谷和长白山大峡谷集奇峰、怪石、幽谷、秀水、古树、珍草为一体，沟壑险峻狭长，溪水淙淙清幽。其博大雄浑的风格和洪荒原始的意境，震撼心魄。

　　长白山大峡谷是火山爆发时期形成的地裂带，是锦江的上源。峡谷大约 60 千米长，最宽的地方有 300 多米，而最窄的地方只有几米，垂直深度约有 150 米左右。峡谷两岸生长着茂密的大森林，树木笔直粗壮。峡谷两侧，特别是底河两岸的谷坡异常陡峭，加之多年的寒冻风化，峡谷中的冰缘岩柱已在岁月的风雨剥蚀中，形成了多姿多彩雄浑壮丽的自然景观。那些熔岩的造型，真可谓千姿百态，让人耳目一新：有形同月亮的，有状如金鸡的，有酷似骆驼的，有宛若观世音的，有姑娘依恋着情人的，有母亲怀抱着爱子的等。

　　长白山黑风口滚滚黑石下面有几十处地热，大如碗口，小有指粗，这就是分布在 1000 平方米地面上的温泉群。它距离震耳欲聋的长白瀑布不到 2 里，奔腾咆哮的白河擦边而过。它以绚丽的色彩把周围的岩石、沙砾染成金黄、碧蓝、殷红、翠绿色，散发着蒸腾热气，格外愉悦眼目。特别是冬季，周围是一片银装素裹，冰天雪地，而这里确实热气腾腾，烟雾袅袅，实在是别有一番景致。

长白山大峡谷

长白山温泉属于高热温泉，多数泉水温度在 60℃ 以上，最热泉眼可达 82℃，放入鸡蛋，顷刻即熟。长白温泉有"神水之称"，可舒筋活血、驱寒祛病，特别对医治关节炎、皮肤病等疗效十分显著。这里设有温泉浴池，供游人洗浴，池水温度可以调节，出浴之后，倍感轻松。

2007 年 5 月 8 日，长白山景区经国家旅游局正式批准为国家 5A 级旅游景区。

走进长白山，就是走进雄浑和博大。大自然赋予了它无比丰富独特的资源，使之成为集生态游、风光游、边境游、民俗游四位一体的旅游胜地，闻名中外。

庐　山

　　庐山地处江西省北部的鄱阳湖盆地，九江市庐山区境内，滨临鄱阳湖畔，雄峙长江南岸。庐山山体呈椭圆形，长约 25 千米，宽约 10 千米，面积约 300 平方千米。绵延的 90 余座山峰，犹如九叠屏风，屏蔽着江西的北大门。

　　庐山以雄、奇、险、秀闻名于世，素有"匡庐奇秀甲天下"之美誉。巍峨挺拔的青峰秀峦、喷雪鸣雷的银泉飞瀑、瞬息万变的云海奇观、俊奇巧秀的园林建筑，一展庐山的无穷魅力。庐山尤以盛夏如春的凉爽气候为中外游客所向往，是国内外久负盛名的风景名胜区和避暑游览胜地。

　　庐山是一座地垒式断块山，外险内秀，具有河流、湖泊、坡地、山峰等多种地貌。庐山自古命名的山峰便有 171 座，其中主峰——大汉阳峰，海拔 1474 米。群峰间散布冈岭 26 座，壑谷 20 条，岩洞 16 个，怪石 22 处。水流在河谷发育裂点，形成许多急流与瀑布，瀑布 22 处，溪涧 18 条，湖潭 14 处。著名的三叠泉瀑布，落差达 155 米。庐山奇特瑰丽的山水景观具有极高的科学价值和旅游观赏价值。

　　庐山地形东西伸张，南北收缩，像片枇杷树叶；东临高垄，西接赛阳，南濒黄龙山麓，北靠莲花。

　　庐山地处亚热带地区，土质潮湿肥沃，气候湿润，有利各种植物发育。因此，在这广袤的 300 平方千米土地中，森林覆盖率达 76.6%，高等植物近 3000 种，昆虫 2000 余种，鸟类 170 余种，兽类 37 种。概括说来，山上山下植物分布有亚热带竹林、热带常绿阔叶林、温带落叶阔叶林、寒带针叶林，以及一般灌木林、混交林，同时夹杂野花野草。竹木茂盛，花草芬芳，郁郁葱葱，不愧为幽雅翠境。

庐山瀑布

庐山气候温适，夏天凉爽，冬天也不太冷，这是庐山又一优越条件。节令特色：春迟、夏短、秋早、冬长。庐山气温，根据历年记载：最高只有 32℃，最低为－16.8℃，全年平均为 15℃，可见庐山气温适度。庐山顶端因处高空地带，加上江环湖绕，湿润气流在前进中受到山地阻挡，易于兴云作雨。所以，庐山雨量丰沛，全年平均降雨量 1917 毫米，年平均有雨日达 168 天。庐山云雾较多，全年平均有雾日达 192 天。更奇异的是庐山云雾常年此出彼没和变化莫测，给庐山增添了妙景。庐山水源主要来自大气降水。在雨量丰沛的条件下，有多达 90 多座峰岭的庐山，因地壳运动和冰川剥蚀的巧琢，有的峰岭夹峙峡谷自然形成陡壁深壑，峭崖渊涧，构成众多的瀑床，加上水源四季不断，形成数量众多景观壮美的瀑布，此为庐山一奇。可谓"飞流直下三千尺，疑是银河落九天"。

公元 4 世纪，高僧慧远在庐山建东林寺，首创观像念佛的净土法门，开创中国化佛教，代表佛教中国化的大趋势。禅师竺道生在庐山精舍，开创"顿悟说"。天师张道陵，一度在庐山修炼。道教禅师之一的陆修静，在庐山建简寂观，编撰藏道经1200卷，奠定了"道藏"基础，并创立了道教灵宝派。公元4～13世纪，庐山宗教兴盛，寺庙、道观一度多至500处。至今，庐山仍有佛教、道教、伊斯兰教、基督教、天主教等宗教及教派的寺庙、道观、教堂多座。

在芦林湖畔，有一栋中西合璧的别墅式建筑。那是毛泽东在庐山期间曾住过的地方，人称芦林别墅。因房号是1号，故亦称"芦林一号"。别墅系1961年兴建，单层平顶，中有内院，总面积2700平方米。1984年改成博物馆馆址。新中国成立前庐山各栋中外别墅中的精品、陈列品和历史文物是馆藏中的主要组成部分。博物馆的展品中，特别引人注目的是清代画家许从龙历时6年所绘制的《五百罗汉图》。原画共有200幅，几经战乱，只剩110幅，后经多方搜集又找回2幅，现共有112幅，都存放在博物馆内。博物馆内展出历代名瓷中的精品，有汉代的青瓷、唐三彩、宋影青瓷、明青花瓷、清彩瓷，特别是明清代的展品，都柔润细腻，非常精美。博物馆内还收藏了蒋介石用过的"蒋"字瓷盘，宋美龄的象牙柄扇，以及蒋介石50岁寿辰时，官僚们赠送的佩剑和铜

芦林一号

砚。此外，馆中还藏有青铜器、陶器、工艺品、金石篆刻、历代钱币等藏品，其中也有许多是难得的珍品。

　　庐山是一座集风景、文化、宗教、教育、政治为一体的千古名山。这里是中国山水诗的摇篮，古往今来，无数文人墨客慕名登临庐山，为其留下4000余首诗词歌赋。遗存至今的白鹿洞书院，是中国古代教育和理学的中心学府。庐山上还荟萃了各种风格迥异的建筑杰作，包括罗马式与哥特式的教堂、融合东西方艺术形式的拜占庭式建筑，以及日本式建筑和伊斯兰教清真寺等，堪称庐山风景名胜区的精华部分。

灵岩山

　　灵岩山在江苏吴县，海拔 182 米，面积 1800 多亩（1 亩＝100 平方米）。山上有奇石，状似灵芝，灵岩山由此得名。因山石深紫，可制砚，又名"砚石山"。以远望如巨象伏地，故别称"象山"。

　　灵岩山奇秀挺拔，松林遍山，殿宇雄伟，怪石罗列，风景秀丽。春秋时期，越王献西施，吴王夫差特在山上建馆娃宫，故有关吴王、西施的古迹和传说颇多。相传山顶灵岩寺及其花园一带是馆娃宫遗址，有吴

灵岩山景区

王井（日井）、智积井（月井）、玩花池、玩月池、砚池、响屧廊、琴台、梳妆台、石城等吴宫遗迹；半山有西施洞，山下有采香泾、划船坞、脂粉塘等古迹。山上还有石龟、石鼓、醉僧石、灵芝石、牛眠石、和合石、石马等奇石。西南麓有韩世忠墓，为南宋抗金名将韩世忠和梁红玉合葬处。灵岩胜迹自古闻名，唐代诗人李白来此访古寻幽，曾有"旧苑荒台杨柳新，菱歌清唱不胜春；只今唯有西江月，曾照吴王宫里人"的诗句。白居易、韦应物、刘禹锡、李商隐、范仲淹、苏舜钦、文征明、唐寅、高启等历代文人，都有题咏灵岩的诗文传世。

灵岩寺又名崇报寺，在灵岩山上，是中国佛教净土宗著名道场之一。寺基原为春秋时吴王馆娃宫遗址，东晋末陆玩舍宅为寺，梁代天监年间名秀峰寺，唐代改称灵岩寺，明弘治间寺毁，清康熙时重建，咸丰时又毁于战争。现灵岩寺殿宇除一塔外，都为1919～1932年重建。该寺规模宏大，殿阁巍峨，有弥勒楼阁、大雄殿、多宝塔、藏经楼、香光厅、钟楼等建筑。多宝塔又名灵岩塔，梁代初建，五代吴越时重建，后又毁。现塔八面七级，是南宋绍兴十七年（公元1147年）重建。明万历二十八年（公元1600年）塔遭雷击，腰檐焚毁，仅存砖砌塔身，此后日见残破。1977年整修。挺拔秀丽的多宝塔与飞檐凌空的钟楼遥相呼应，成为灵岩山的突出标志，数十里外一望可知。

韩世忠墓地约2亩，封土高出地面约3米，是韩世忠和他四位夫人的合葬墓。韩世忠（1089～1151）字良臣，绥德（今属陕西）人，南宋抗金名将，因愤于朝廷腐败，屈膝求和，郁忧而死。宋孝宗即位，追封他为蕲王，建筑陵墓、享堂，并书写碑额"中兴佐命定国元勋之碑"。碑文长达13900多字，由赵雄撰文，周必大书写，碑高3丈。碑石旁现尚存石龟一只，高近一人，长约丈余，其镌刻极为精细。蕲王庙为宋代建造，经明清两代修缮，现在藏书乡灵岩小学内。

本篇简介

Benpian
Jjianjie

河北省观海胜地，登临峰顶，名山大川尽收眼底，白云缭绕，令其忘俗。"碣石十景"风光秀丽，远近闻名。

碣石山

碣石山在河北昌黎县城北，东距渤海仅 15 千米，为燕山余脉。是鲁北平原上唯一的一座山峰。主峰仙台顶海拔 695 米，为古今观海胜地。据史书载，秦始皇三十二年（公元前 215 年）和汉元封元年（公元前 110 年），秦始皇、汉武帝先后东巡，曾登临碣石山观海。东汉建安十二年（公元 207 年）曹操东征归来，曾"东临碣石，以观沧海"，并作《碣石篇》。此后，北魏文成帝、北齐文宣帝、唐太宗等，均曾登临。文成帝还"大飨群臣于山下"，"改碣石为游乐山"。游人登碣石山顶，如身临霄汉，举目环顾，长城、滦河、渤海、北戴河海滨、莲蓬山、秦皇岛、昌黎城，尽入眼底。环山有十景，名为碣石观海、天柱凌云、水岩春晓、石洞秋风、西嶂排青、东峰耸翠、龙蟠灵壑、凤翥祥峦、霞晖窣堵、仙影沧浪。

碣石山景色壮丽，名胜古迹很多，前人列有十景，其中以"碣石观海"为最奇绝壮观。碣石山仙台顶俗称娘娘顶，又名汉武台，在碣石山群峰正中，海拔 695 米，是渤海近岸最高的山峰，为"碣石十景"之一。仙台顶上举目四顾，方圆百余里景物尽收眼底，渤海清波帆影，历历在目。昔人诗有"巍巍高矗势凌天，俯瞰沧浪气万千，众水朝宗来眼底，层层出岫荡胸前"之句。山分前后两顶：前顶名碧云峰，峭壁上有明末县丞徐可大题字，顶上有棋盘及脚迹，俗传为仙人所遗；后顶东端石壁刻波罗密多心经，原有石室名五雷殿，已圮废。仙台顶西部山壁镌

烟雾缭绕中的碣石山

有"碣石"二大字。登仙台顶有中、东两路可攀。东路经阎王鼻、欢喜岭两处；中路经老鹞子翻身、十八盘等处，两路石壁留题石刻甚多。曹操《碣石篇》"观沧海"诗云："东临碣石，以观沧海。水何澹澹，山岛竦峙。树木丛生，百草丰茂。秋风萧瑟，洪波涌起。日月之行，若出其中；星汉灿烂，若出其里。幸甚至哉，歌以咏志。"后人考证曹操可能就是登上此山，描绘此间山川景物。

"东峰耸翠"在碣石山东五峰，为"碣石十景"之一。五峰形如笔架，迤逦清秀，直插云天。山上怪石巉岩，景色佳丽。山洞有洞名柏源，洞内原有石佛一尊，洞前东西各有一井，深不过丈，常年满盈。洞西有岩石形如寿星老人，游人称绝。附近还镌刻八仙中之张果老像。山上有野生玫瑰，春深花发，芳香四溢。前人有咏东五峰诗云："奇峰削出势凌空，怪石嵯峨胜画工。初日层峦看愈好，翠痕远映海霞红。"

　　"西嶂排青"为碣石山西五峰景色，为"碣石十景"之一。五峰东名望海，西名挂月，北名平斗，东北名锦绣，西北名飞来。山峰形状各异，环列如屏，山上青松如画，怪石嵯峨。平斗峰山腹有一平台，旧有圆通寺，明末崇祯年间曾建韩文公祠，现仅存基址，先烈李大钊曾避难到此。挂月峰下有范公洞，东南角片石空悬，形如龟，故名龟石，石上有印月痕，相传每年中秋佳节，圆月如挂石上，峰因而得名。望海峰上有观澜石，居上可观赏渤海波澜。五峰风景清幽，林木葱郁，白云缭绕，令人忘俗，为游碣石者必登之处。

千 山

　　千山原名千华山，又称积翠山、千朵莲花山，位于辽宁鞍山市东20千米，辽阳东南30千米处。千山为东北地区三大名山之一，占地面积约300平方千米，海拔708米。山中奇峰迭起，塔寺棋布，共有峰峦999座，以其近千，故名千山。最高峰为仙人台，第二高峰为五佛顶。自古为辽东名胜，有"无峰不奇，无石不峭，无寺不古"之誉。千座奇峰，或如狮虎雄踞，或如卧象盘龙。山中除以峰峦奇秀著称外，尚有辽金以来的名胜古迹多处。其中最负盛名者，为相传建于唐代、而在明代驰名的祖越、龙泉、大安、中会、香岩等五大禅林。其他如无量观、九宫、八庵、十二观皆掩映在重峦茂林中。几经毁建，现存庙宇20座。绝大部分庙宇修复原貌，构成山石寺庙园林风格的自然风景区。

　　千山风景区，依山势走向分北部、中部、南部和西南部四个景区。其中北部风景区交通方便，景点繁多。仙人台位于南部景区，海拔708米，由千山南麓香岩寺东北盘旋登数里，即可达峰顶。绝顶有峭石，向北伸出，高约20米，状如鹅头，三面深涧。只有东壁原有石栏木梯可攀登至鹅头石上。峭石下系一平麓，长30余米，宽约4米，周围设有铁栏。凭栏远眺，千山奇秀，尽收眼底。南望重峦叠嶂，北顾鞍山钢都。两侧皆深涧，俯视为之心悸。东壁正面有浮雕菩萨像一尊，北面篆刻清光绪时涂景涛题"仙人台"三字。

　　北部景区内还有千山五大禅林中最大佛寺——龙泉寺以及千山最早

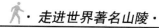

千山五龙宫

修筑的寺庙——祖越寺，它们都深藏于幽谷或丛林之中，周围山石峭立，古松参天，清泉淙淙，颇有佛家仙境之意。从龙泉寺西行登山 3000米，可攀登千山第二高峰五佛顶，海拔 554 米。俗语有"庙高不过五佛顶"之说。山顶塑有 5 尊半身佛像，面南遥与千山第一高峰仙人台相望。

仙人台位于南部景区，海拔 708 米，其三面为悬崖陡壁，似凌空拔起，仅北面有一狭窄山脊与主峰相连。"仙人台，仙人台，不是仙人上不来"这句俗语，鼓舞了游客勇攀高峰。传说曾有仙人在峰巅下棋，至今在山峰上有石棋盘和"仙人台"篆刻。登上仙人台，可见钢城鞍山雄伟风姿，千百群峰尽收眼底，大有"羽化而登仙"之感。

中部景区内还有五龙宫、慈祥观、中会寺等道观名刹。西南部石猴峰中的冰洞，口小但深不可测。严冬时节，洞内向外喷吐热气。至七、八月间的酷暑季节，洞口却寒气逼人，气温可降至 −5℃，还可见到白色的冰晶。盛夏时游人登山至此，满头大汗，在洞口顿时遍体生凉，似乎换了个季节，寒冷难挡，令人无不称奇叫绝。千山是一座花岗岩山体，大约在古生代末期开始隆起，露出海面而成为陆地。在几亿年漫长的地质年代中，山体产生一系列断裂，岩石不断风化，由此造成千姿百态的奇石危崖，沿途到处可见。如有岌岌可危的无根石，敲击有声的木鱼石，形态逼真的鹦鹉石，还有卧虎峰、笔架山、石猴峰，看上去栩栩如生，为游人观景增添了不少乐趣。著名的"一线天"，也是巨石崩裂而成，如神斧所劈，缝宽仅1米，高达15米，长有30多米，缝下石级100多磴，斜坡而上，只见蓝天一线，两侧陡壁，见此绝景，不禁使游人感叹大自然神力之伟大。

千山集寺庙、山石、园林之胜于一山，真是无寺不古，无峰不奇，无石不峭，加上植被繁茂，四季景色各异，真可谓辽东名胜之地。到了冬季，满山遍野银装素裹，这一妖娆冬景，使千山比南方一些名山更胜一筹了。

雁荡山

　　雁荡山简称雁山，在浙江省东南乐清县境内，属括苍山脉，以山水奇秀闻名，号称"东南第一山"。主峰雁湖冈，海拔 1057 米。雁湖冈顶有湖，芦苇丛生，结草成荡，秋雁常来栖宿，故称雁荡。雁荡开始知名于唐初，至北宋太平兴国元年（公元 976 年）以后，声誉渐著，寺庙亭院相继而兴，当时曾有十八古刹、十六亭、十院。至明朝，雁荡百二奇

雁荡山"夫妻峰"

峰的名称已全部形成。风景区东起湖雾羊角洞，西至芙蓉白岩，南起筋竹洞口，北至仙姑洞，面积约 400 平方千米。分为灵峰、灵岩、大龙湫、雁湖、显圣门五个风景区，东南部风景较集中，灵峰、灵岩、大龙湫称为雁荡风景三绝。全景区计有一百零二峰、六十四岩、四十六洞、二十六石、十四嶂、十八瀑、二十八潭、十三坑、十三岭、十泉二水、八门四阙、七溪一涧、八桥二湖等风景点，共 380 多处。中以峰、石、洞、瀑称著。特产有：雁茗、香鱼、观音竹、金星草、山乐官鸟，世称雁荡五珍。

灵峰在雁荡山灵峰寺后，高约 270 米，与右边的倚天峰相合如掌，称合掌峰，为雁荡山的主要游览区之一。夜间观望如男女两人相依，故亦称夫妻峰。峰下为观音洞，洞口有天王殿，内塑有四大金刚。过天王殿而上，洞内倚岩建有楼房 10 层，顶层为观音殿，供观音和十八罗汉像，其余九层为僧舍。从洞口至顶层，有石磴 377 级，为雁荡山第一大洞。灵峰下有灵峰寺，北宋天圣元年（公元 1023 年）建寺，是雁荡十八古刹之一，历代几经兴废，已非旧观。灵峰周围奇峰环绕，怪石林立，为雁荡风景三绝之一。附近有北斗、将军、南碧霄、北碧霄、古竹、长春、东

雁荡山"大龙湫"瀑布

石梁、响板诸洞，以及犀牛、金鸡、双笋、碧霄、伏虎诸峰。黄昏时，

灵峰附近的犀牛望月、雄鹰敛翅、夫妻峰、婆婆峰等夜景，别具形态。

灵岩寺是雁荡山古刹之一，有 1000 年历史，被群峰所环抱。寺右一峰立地擎天，高耸如柱，称为天柱峰；寺左一峰，如旌旗迎风招展，叫做展旗峰，高都在 260 米左右，四壁如削，气势磅礴。两峰相距 200 米，中间即为"南天门"，正对灵岩寺。寺背为锦屏峰，岩壁石纹五彩斑斓。来到灵岩寺，人们不能不叹为观止，才真正领会"幽深奇奥"四字的含意了。

灵岩寺周围还有小屏霞、天窗洞、龙鼻洞、小龙湫瀑布、独秀峰、卓笔峰、玉女峰等景点和"美女梳妆"、"老僧拜塔"等石景。

离灵岩翻越马鞍岭，沿碧流潺潺的锦溪溯源而上，望见剪刀峰端有水雾腾腾，远远传来呼呼水声，这就给人感受到大龙湫瀑布非凡的气势。绕过剪刀峰，凌空飞泻的大龙湫就一览无遗地展现在人们眼前了。

大龙湫瀑布从连云嶂上轰然下泻，高达 190 米。蔡元培先生在 1937 年游大龙湫后写诗道："天台之瀑一大胜，雁荡之瀑长者优，天下之瀑十有九，最好唯有大龙湫"。大龙湫与一般瀑布不同之处，是在于没有"倚壁而下，触石而注"，而无所撞击地凌空飞泻。因受到风力影响，常常远近斜飞，变幻不一，"或如散珠、如飞雪、如轻烟，或左右飞散，或直下，或屈曲，种种奇态，不可名状"。而随着季节变化，大龙湫姿态万千。盛夏季节，雷雨初过，大龙湫以排山倒海之势直泻大潭，入潭之水迸喷出急雨横飞，声震如雷，气势粗犷强悍。秋冬季节，瀑布如珠帘下垂，随风化为水雾，映成五色彩虹。如果山风向上劲吹，瀑布似倒卷而上，腾掷空际，顷刻之间无影无踪。三月春雨如丝，大龙湫如一位披上春装的苗条少女，娉娉婷婷，一步三摇，悠然自得飘逸而下，轻如薄纱，幻若迷雾。难怪有人说"欲写龙湫难下笔"，只有亲历其境，才能领略大龙湫的雄伟、奇幻、秀美、多姿的特点。

雁荡名瀑除大龙湫以外，还有小龙湫、三折瀑、梅雨瀑、西石梁大瀑、燕尾瀑和散水岩瀑布等处。小龙湫在灵岩寺西北。明代王献芝是这样描写的："泉飞崖上，触石腾空，如雾团结，旋而流转，飞洒沾人，乍巨乍细，亦无定迹。"三折瀑以中折瀑最为壮观，瀑后有路可通行，透过珠帘水，可远望山景。郭沫若偏爱中折瀑，写诗道："奇峰百有二，大小有龙湫；我爱中折瀑，珠帘掩翠楼。"西石梁大瀑高160多米，气势雄伟。其他瀑布，各具风姿，装点着风光如画的雁荡山。

除了灵峰、灵岩巧石、龙湫飞瀑以外，巨大的嶂谷也是雁荡山的一大奇景。所谓嶂，是指连续展开的悬崖峭壁，好似一道高大的石墙。位于雁荡山北的显胜门由两座各高200米的山壁组成，峰脚只相距六七米，峰顶几乎相撞，"非亭午夜分，不见曦月"。入门仰首只见青天一线，两侧千嶂壁立，瀑布飞泉破岩而出，被称为"天下第一门"。沿显胜门的岩径可到达礼佛坛，坛侧一小洞的石壁上有唐僧、孙悟空、沙僧三人物的天然造型，故而得名石佛洞。像这样的岩嶂，雁荡山内有22列，蜿蜒蟠结，气势磅礴，如同铜墙铁壁，构成了著名的八门。除显胜门外，还有石柱门、南天门、响岩门、石门、化城门、西龙潭门和东龙潭门，都是雁荡山上著名的胜地。所以，有人评价：黄山之奇，在于峰、石、松、云的有机结合；桂林之奇，在于峰、石、洞、水融于一体；而雁荡之奇，则是峰、嶂、洞、瀑四绝交辉。

本篇简介 **B**enpian **B**jianjie 因其花果山、水帘洞而名动天下，景致独特，神奇迷人，有"海内四大名灵"之一的盛誉。

云台山

　　云台山在江苏连云港市，原为黄海中一列孤岛，清康熙五十年（公元1711年）前后成陆。主峰海拔625米。山上多奇峰异石，因石取名的峰峦有130多座，如玉女峰、文笔峰、猴嘴、虎口岭等，尤以《西游

云台山花果山

记》里的花果山、水帘洞出名。每到春天，云台山繁花烂漫。登山远眺，东海苍茫，风帆云集，别有景色。

花果山旧称青峰顶、苍梧山，为云台山诸峰之一。其上玉女峰，海拔625米，是江苏最高峰。唐、宋、明、清诸代先后在这里筑塔建庙。其曲洞幽深，花果飘香，有"东海胜境"之誉。《西游记》里的花果山就以此山为背景，如孙悟空降生之女娲遗石、栖息之地水帘洞、三元家庙团圆宫、天工巧成的八戒石、勾倚参差的七十二洞、古刹三元宫，以及照海亭、一线天、小蟠龙、九龙桥、南天门等，各具特色，神奇迷人。位于海拔400米的三元宫建筑群，有1300多年历史，是我国著名古刹之一。

在花果山上有一"郁林观石刻"。石刻镌于郁林观旁东岩壁上，因而得名。郁林观建于隋开皇年间，旧址无存。志书称该地为"东海云台第一胜境"。摩崖题刻有十二则，出于唐、宋、明、清诸代，其中以

云台山水帘洞

"唐隶"、"宋篆"两刻最为珍贵。唐隶，即《郁林观东崖壁纪》，系唐开元七年（公元719年）海州司马崔惟怦之子崔逸撰文并书，书刻者无

款。此刻净面高 2 米，宽 3．8 米，共 357 字。宋篆，即《祖无择三言诗勒》，在《郁林观东崖壁纪》的西斜对面，高约 5 米，宽约 6 米，共 102 字，由祖无择撰，苏唐卿书，王君章镌刻。此刻于宋庆历四年（公元 1044 年）七月镌，笔力苍劲，结体严谨。唐隶，被宋代金石家赵明诚和夫人李清照收入《金石录·今存碑目》内。1978 年，叶圣陶为郁林观石刻书写了"唐隶宋篆"的榜额，已镌于古刻之右。

水帘洞在花果山巅、三元家庙团圆宫东侧。洞中清泉纷挂，洞口崖缝滴水，点点坠落，恰似冰晶玉球，串以成帘。洞外石壁上有"水帘洞"、"灵泉"等题刻。再上有明代"神泉普润"、"高山流水"二石勒，笔势雄浑而豪放。水帘洞在和吴承恩同时代人张朝瑞写的碑记里已有记载，《西游记》里写成孙悟空的老家。水帘洞外西侧尚有清道光帝为两江总督陶澍写的"印心石屋"真书题勒。现水帘洞已经整修，供人游览。

在云台山下大村水库之滨有座"阿育王塔"，北宋天圣元年（公元 1023 年）建，为仿楼阁式砖塔，八面九层，高 40.58 米。原塔刹已毁，塔外壁每层系砖迭腰檐，上筑砖制斗拱和平座；四面为拱形塔门，有砖砌直棂窗形。塔内除回廊外，正中一至八层建八边形塔心砖柱，柱上有半圆形佛龛四个，塔心柱与内壁之间的回廊楼板用砖承托。第九层内无塔心柱和回廊，壁上置砖斗拱，构成八角形藻井。各层楼梯设在塔心柱内，上下衔接，交错组成。清康熙七年六月十七日（公元 1668 年 7 月 25 日），山东郯城 8.5 级大地震时，对连云港市影响很大。据《海州志》记载，"城倾十之二三"，"屋宇多圮"，但此塔岿然不动。该塔在修复时，从塔心柱下发现了石函、金棺、银棺、佛牙等 30 余件文物，对研究北宋佛教艺术和工艺美术都有重要价值。

本篇简介 Benpian Bjianjie 我国四大佛教名山之一，四面环海，风光旖旎，幽幻独特，有"第一人间清静地"之誉。

普陀山

　　普陀山，我国佛教四大名山之一，在浙江东北部普陀县，是舟山群岛中的一个小岛。岛呈狭长形，南北纵长 8.6 千米，东西横宽 3.5 千米，面积 12.5 平方千米。最高峰佛顶山海拔 2913 米。据《普陀山志》载，五代后梁贞明二年（公元 916 年），日僧慧锷自五台山请观音像归国，途经普陀山为大风所阻，居民张氏舍宅为院于双峰山下，号"不肯去观音院"。南宋绍兴元年（公元 1131 年）将普陀山佛教各宗统一归于

普济寺

禅宗。嘉定七年（公元1214年），又规定该山以供奉观音为主。历朝相继在此兴建寺院。新中国成立前一度有寺院、庵堂和茅棚228个，有僧尼4100多人。其中普济、法雨、慧济三大寺，规模宏大，建筑考究，是我国清代建筑群的典范。岛上有千步沙、潮音洞、梵音洞、南天门、西天门等风景点20余处，幽洞奇岩，海景变幻，历来为游览避暑胜地。

现存的三大寺中的普济寺坐落于灵鹫峰下，背山面海，因位于普陀前山，又俗称前寺，是岛上最大的佛寺。清朝康熙、雍正皇帝先后拨款重修，规模宏大，有200余间殿宇，黄墙琉瓦，气象非凡。寺内大圆通殿为观音正殿，内供的观音塑像及周围32座观音化身，均为1981年重塑。相传观音在印度是一位男性，蓄有须发。佛教传入我国以后，观音逐渐变为女性，而且"眉如小月，眼似双星。玉面天生喜，朱唇一点红"，俨然是一位绝色美女，使她更富有大慈大悲、救苦救难的形象。寺外古木葱茏，有莲花池、永寿桥、八角亭、御碑亭，颇有瑶池仙境之意境。

法雨寺也为三大寺之一，始建于明代，自康熙皇帝赐"天花法雨"匾额后，改名为法雨寺。因地处普陀后山，俗称后寺。后寺的建筑规模和华丽程度，都足以与前寺媲美。寺内九龙殿是从南京明朝故宫中拆迁而建。殿宇顶穹呈拱圆形，顶盖正中盘有苍龙，下悬珠球，周围雕有9条蟠龙，称为"九龙盘拱"，是国内殿宇建筑中不可多得的杰作。

从法雨寺上山，踏千级石磴可以到达普陀山最高处的佛顶山巅。在山顶凹地的林木幽深之处，藏有三大寺之一的慧济禅寺，又称佛顶山寺。"深山藏古寺"，在此不进山门，不见殿宇。全寺有四殿、七宫、六楼，布局幽深而奇特，大雄宝殿、藏经楼和大悲阁都横列山崖之前。寺东山巅上有天灯塔，为普陀山最高点，海拔291.3米。登上塔顶，环顾东海碧波万顷，群岛散布，海天一色，令人心胸开阔。

全山以三大寺为中心，各有大小石道连接几十座寺庙庵堂。不少石道上刻有莲花图案，形成了全山很有特色的庙宇体系。寺庙内外保留有

普陀山风光

不少珍贵文物，王安石、赵孟頫、董其昌、吴昌硕等名家石刻到处可见。加上古木参天，荫天蔽日，掩映寺庙，一片浓郁的佛教气氛。

普陀山沿岸之处，尚有十几处洞景奇观。潮音洞和梵音洞均是海浪冲蚀成的海蚀穴，传说是观音现身之处。潮音洞山崖高数十米，两个洞门如天窗，可俯视洞内怪石嶙峋。洞内海潮吞吐，声震如雷。梵音洞深数百米，洞内曲折，与海相通，浪石相激，如虎啸龙吟，令人惊心动魄。朝阳洞是观看海上日出之处，每当旭日东升于海上，其美景比之在众多名山之巅观看日出，更别具一番魅力与情趣，昔陀山南端的南天门，孤悬入海，由环龙桥跨海相接。这里巨石森罗，巉岩林立，有两巨石并立如门，故称南天门。巨石上刻有"砥柱南天"、"海岸孤绝处"、"海山大观"等题刻，字体苍劲有力，引人注目。

普陀山是花岗岩体岛屿，久经风吹雨打和海浪冲蚀，形成不少奇岩怪石，如二龟听经、五十三参石、师石、磐陀石等。磐陀石凌空而立，有观之若悬、望之欲堕之感。上面题刻很多，其中有孙中山先生1916年所题"灵石"两字。

另有一处称"观音跳"的巨大脚印，其实是巨岩之上的凹痕，传说是观音从落迦山跳入普陀山时留下的脚印。

普陀山以海景取胜，游人观海、弄潮、游泳都直奔东部的千步沙、百步沙和金沙。这里的沙滩坦阔，色泽如金，是得天独厚的沙滩浴场。明代屠隆有诗《千步金沙》曰："黄如金屑软如苔，曾步空王宝筏来。九品池中铺作地，只疑赤足踏莲台。"在沙滩上观潮，则心随浪高，情似波涌，只见白浪滔天，"潮来忽作雪山倾"。远望大海无边，水天一色，帆影片片，岛屿点点……海水、海滩、海潮、海浪、海风、海涛，构成了普陀山特有的海景。特别在盛夏季节，来这座大海环抱中的小岛上避暑的游客蜂拥而至。而在农历二月十九日（观音诞生）、六月十九日（观音成道）和九月十九日（观音涅槃）3天，佛徒香客成群结队，来到山上庙寺中举行隆重的观音法会。

一年四季，普陀山上游人不绝。

与普陀山毗邻的落伽山、朱家尖等小岛现在也成为普陀山游览区中的组成部分。尤其是朱家尖上的沙滩远胜于千步沙，成为国内优良的海水浴场。

古人曾云："以山而兼湖之胜，则推西湖；以山而兼海之胜，当推普陀山。"山借海景，海衬山形，正是普陀山引人入胜的奥秘所在。

香 山

　　香山位于北京海淀区，东南距市中心 20 余千米，为北京西郊西山山岭之一，名列清代著名景观"三山五岳"之内。此地重峦叠嶂，清泉潺潺，花木满山，景色清幽，故金、元、明、清历代帝王都在此营建离宫别院，为各朝皇家游幸驻跸之所。清乾隆十年（公元 1745 年）在此大兴土木，兴建亭台楼阁，共成二十八景，如勤政殿、翠微亭、栖云楼、香山寺、森玉笏等，并加筑围墙，名静宜园。"西山晴雪"为燕京八景之一。园中名胜遍布，风光旖旎，秋来黄栌换装，漫山红遍，如火如荼，有"霜叶红于二月花"的胜景。咸丰十年（公元 1860 年）和光绪二十六年（公元 1900 年）先后为英法联军和八国联军所破坏，新中国成立前已荒凉不堪，少数名胜被达官贵人据为己有。新中国成立后经全面整修，已辟为香山公园。

　　在香山公园北门内，两泓平静的湖水由一座白石拱桥相连，形似眼镜，故名眼镜湖。湖北侧山石叠嶂，峰峦崛起。一洞之上，流泉直下，恰似珠帘垂挂的水帘洞。山花芳草在沟壑石缝和小溪池水旁争奇斗艳，古柏苍松、老槐垂柳交汇成一片清荫。游人在此赏玩山水之乐，自得静中之趣。

　　在香山公园内蟾蜍峰北有香山寺，金大定二十六年（公元 1186 年）建，金世宗赐名大永安寺，又称甘露寺。元皇庆元年（公元 1312 年）重修。清康熙帝在此建行宫，乾隆十年（公元 1745 年）又修葺扩建。

香山红叶

《清一统志》谓寺"依岩架壑，为殿五层，金碧辉映"，可见规模之大，为香山诸寺之首，静宜园二十八景之一。后遭英法联军和八国联军焚毁，仅存石阶、石坊柱、石屏等遗迹，唯寺内的"听法松"依然屹立。

在香山寺下原有两股清泉，相传金章宗时称梦感泉。清乾隆在泉旁石崖上题刻"双清"二字，1917年熊希龄在此修建别墅，因以为名。别墅淡雅幽静，山水树石顺其自然，清泉汇聚一池，池边有亭，亭后有屋，屋旁有竹，竹影扶疏，因材借景，秀丽非凡。在此春日赏花，酷夏避暑，秋观红叶，寒冬踏雪，四季景色绮丽，称为香山"园中园"。1949年3月，中共中央由河北平山西柏坡迁至北平，暂驻香山。毛泽东在此与中央其他领导同志共商大计，指挥横渡长江解放全中国的进军，并为筹建中华人民共和国做了大量准备工作，直到同年11月迁住中南海。

　　在香山公园北门内西侧，毗邻眼镜湖有座见心斋，建于明嘉靖年间，曾几经修茸，是座颇具江南风味的庭院。院中心是一半圆形水池，清冽的泉水从石雕的龙口中注入，夏来新荷婷立，金鱼嬉戏。池东、南、北三面回廊环抱，内有一小亭伸入池中。池西有轩榭三间，即见心斋。斋后山石嶙峋，松柏交翠。整个庭院清静幽雅，使人流连忘返。

　　在香山公园见心斋以南有昭庙，全称宗镜大昭之庙，清乾隆四十五年（1780年）为接待西藏班禅来京而建。庙宇仿西藏建筑风格，前有一座彩色琉璃砖瓦和汉白玉砌成的大牌坊，华丽壮观，坊上的云龙纹饰至今完好。其后为虹台，高10米，砖石基座，中央部位下凹。天井中立有汉、满、蒙、藏四种文字镌刻的碑记，记述建庙缘由。庙西山腰处有座七层八角密檐式琉璃塔，檐端悬挂铜铃五十六个，风来铃声清脆悦耳，余音缭绕，更添诗情画意。

　　在香山公园西部有座香炉峰，是香山的主峰，俗称鬼见愁，海拔557米。顶峰有两块巨大的乳峰石，形如香炉，故名。此峰高峻陡峭，攀登不易，在峰顶可饱览香山全景。近年已建有缆车索道，方便游客登山。

本篇简介 Benpian Bjianjie "京口三山"名胜之一，以山水天成、古朴幽雅闻名于世。山中有众多名胜古迹，留有历代文人骚客的珍贵墨宝。

焦 山

焦山位于江苏镇江市东北，与南岸象山对峙，是"京口三山"名胜之一。山高 70.7 米，周约 2000 余米。因东汉焦光隐居山中而得名。又因满山苍松翠竹，宛如碧玉浮江，故又名浮玉山。山东北有二小山雄峙，名松寥山和夷山，古人称为海门。

焦山如中流砥柱耸立于长江滚滚白浪之中，气势雄伟，自古以来即为游览胜地。山中有六朝柏、宋槐、明银杏等珍贵古树。名胜古迹有吸江楼日出、华严阁月色、壮观亭夕照、观澜阁听涛、别峰庵板桥读书处、三诏古洞等。焦山山峰高耸，天堑幽深，怪石嶙峋，花卉争妍，香色迎人，很堪观赏。每逢秋月，艳红的枫树、盛开的菊花，吸引着四方游客，赢得诗人"焦山秋意浓，丹黄叶不同。霜枫盛春花，古刹展新容"的赞美。1953 年，园林局在山麓地带新辟了焦山公园，园内设有假山、水池、曲桥、渡亭、花房、果园、苗圃、菊坛、松径、竹丛等美化基地，使焦山更加秀媚多姿，生机勃勃，苍翠欲滴。加至江面上帆船点点，龙舟竞驶，汽笛争鸣，飞天翱翔，名鱼跃水，俊鹊摩空，凫雁浮江，点缀其间，美不胜收。

焦山的寺庙、楼阁等名胜古迹颇具特色，大多掩映在山荫丛中，故有"山裹寺"之谚。

定慧寺原名普济庵，始建于东汉兴平年间，宋名普济禅寺，元易名焦山寺，清初康熙帝南巡时赐名定慧寺。建筑宏伟，前有天王殿，中为大雄宝殿，后为藏经楼，还有斋堂、大寮、念佛堂、方丈室等。大殿建于南宋景定年间，元初毁于兵燹，明宣德间重建，清康熙二十一年（公元 1682 年）重修，道光三十年（公元 1850 年）又修。新中国成立后几经维修，仍保持明代建筑的风格，是江南佛教圣地之一。

吸江楼在焦山顶端。楼上四面开窗，临窗远眺，长江浩瀚，尽入眼底。古名汲江亭，与金山吞海楼相呼应。为取郑爕联文"吸取江水煮新茗，买尽青山作画屏"语意，更名吸江。清同治十年（公元 1871 年）夏改亭为楼，是观赏日出的佳地。山下有华严阁、观澜阁、百寿亭、壮观楼等景观。

在焦山存有南朝、唐宋元明清碑刻一批，共三百多石。其中被称为"碑中之王"的《瘗鹤铭》碑为稀世之宝，笔法之妙为"书家冠冕"。

焦山吸江楼

相传《瘗鹤铭》为东晋大书法家王羲之所书。他平生极爱养鹤，在他家门前有一"鹤池"，他常以池水洗笔，以鹤的优美舞姿丰富他的书法，故而他的字有"飘若浮云，矫若惊龙"之称。一日他到焦山游览，带来两只仙鹤，不料两只仙鹤却不幸夭折在焦山。王羲之十分悲伤，用黄绫裹了仙鹤埋在焦山的后山，遂在山岩上挥笔写下了著名的《瘗鹤铭》以示悼念。因其书法绝妙，当即被镌刻在山西岩石上。后因岩石崩裂，坠入江中，长期受江水的冲击，风雨的侵蚀，以及不断被人凿取，到清朝康熙五十一年（公元1712年），才由镇江知府陈鹏年派人从江中捞起原石，仅存下86个字，其中不全的有9个，但仍可见字体潇洒苍劲，别具一格，书法价值极高，确为稀世珍品。宋代著名书法家黄庭坚认为，大字无过《瘗鹤铭》，推此为"大字之祖"。

此外，比较珍贵的碑刻还有王羲之书的《破邪论序》；唐颜真卿《题多宝塔五言诗》30首，共44块；宋代名书画家米芾的"城市山林"横额；黄庭坚的《蓄狸说》；苏东坡《题文同墨竹跋》及《墨竹自题》；元赵子昂小楷石刻二块；清成亲王书《归去来辞》7块，均为名家手笔，丰富多彩，各有特色。

焦山碑林所收集的历代碑刻，无论从史料和书法艺术方面都有很高的价值，并蜚声海外，焦山也被誉为"书法之山"。

在焦山东麓存有"焦山抗英炮台遗址"。鸦片战争发生后，清政府在焦山安设炮位。1842年7月15日英军舰"弗莱吉森号"向焦山侦察时，遭到焦山和东码头炮台守军的轰击。道光二十五年（公元1845年）重建焦山和象山炮台，焦山8座，象山11座。至光绪六年（公元1880年）又改建为明台，并在山顶坛建明台一座。炮堡呈椭圆形，最长处为77米，最宽处为55米，共有8个，以条石为基，然后用三合土分层浇灌而成。焦山炮台是目前保存较完整的近代炮堡遗址之一，现已整修并对游客开放。

天台山

天台山在浙江天台县城北，是我国佛教天台宗的发源地。主峰华顶山海拔1098米。山中有隋代古刹国清寺，清雍正间重修，为我国保存比较完好的著名寺院之一。天台山群峰争秀，巉峭多姿，飞瀑流泉，洁白如练，有华顶秀色、石梁飞瀑、铜壶滴漏、赤城栖霞、琼台夜月、桃源春晓等风景点和隋塔、隋梅、智者塔院、唐一行禅师塔等古迹。

国清寺在天台山麓，是我国佛教天台宗的发源地。隋开皇十八年（公元598年），晋王杨广建天台寺，大业元年（公元605年）赐额"国清寺"。历代经过多次整修，现存建筑系清代重修。1973年又作了全面整修。现有殿宇14座，房屋600余间。主要建筑分布在3条纵轴线上。中轴线上依次有弥勒殿、雨花殿、大雄宝殿。雨花殿前两侧有钟楼、鼓楼。大雄宝殿重檐顶，正中设明代铜铸释迦牟尼坐像，连座高6.8米，重13吨。像背壁后，有以观音像为中心的慈航普渡群塑。殿两侧列元代楠木雕制的十八罗汉坐像。殿东侧小院中有古梅一株，传为隋代寺院初建时天台宗五祖章安手栽。主干枯而复生，桠枝生长茂盛，逢春繁花满树。西轴线上依次有安养堂、观音殿、文物室、妙法堂。妙法堂楼上为藏经阁，楼下即台宗讲席，为寺僧讲经说法之处。文物室中陈列大量与佛教有关的文物。东轴线上依次有斋堂、方丈楼、迎塔楼。此外还有修竹轩、禅堂、静观堂等建筑。寺门前有一行墓、寒拾亭、丰干桥等古迹。东侧小山上有砖塔一座，可能是南宋建炎三年（公元1129年）在

天台山瀑布

隋代塔基上重建的。塔高 59.3 米，六面九级，形制挺秀。寺内外多长松巨樟。寺周五峰环峙，双涧绕流，景色清幽秀丽。天台宗是我国佛教的主要流派之一，它的影响远及国外。唐贞元二十年（公元 804 年），日本僧人最澄来寺，从天台宗十祖道邃习教义，次年回国创立了日本佛教天台宗。该宗教徒尊国清寺为祖庭，时时来华参谒，促进了中日文化交流。

"一行遗迹"在天台山国清寺，共 2 处。一行（公元 673~727 年），唐代高僧，著名天文学家。他为修订《大衍历》，曾到国清寺居留，向寺僧求教数学。后人在寺前七佛塔后建墓纪念。墓前立碑，上题"唐一行禅师之塔"七字。又传他到寺时，正值北山大雨，因而寺门前东山涧中水位猛涨，向西山涧中倒灌。今寺外丰干桥侧有石碑一方，上书"一行到此水西流"七字。

　　高明寺离国清寺约 8 千米，以背倚高明山而得名，初建于唐天祐年间，后唐清泰三年（936 年）改为智者幽溪塔院。寺宇经历代多次重建。现存建筑系 1980 年重修，中轴线上依次有天王殿、大雄殿、楞严坛。寺周多奇石和名人题刻。寺旁幽溪之上，一石横架，下有四石相承，自成一洞，名圆通洞。高明山下有大石，突兀峥嵘，如笋如笏，名看云石，上刻"佛"字，径约 7 米。

　　"石梁飞瀑"，天台八景之一。飞瀑之水有两源，东为金溪，西为大兴坑溪，水至中方广寺旁合流，其势宏大。山腰有衔接两山的石梁，梁长约 2 丈（1 丈＝3.3333 米），广不过 1 尺（1 尺＝0.3333 米），两端下削，中央隆起如龟背。瀑自梁底向下喷坠，高数十丈，

天台山高明寺

直泻深谷，声如雷鸣。临潭岩壁上有康有为书"石梁飞瀑"四字，左侧有宋代书法家米芾所书"第一奇观"四字。

"赤城栖霞"，天台八景之一。赤城山高 339 米。山上赤石屏列如城，望之如霞，故名。山有石洞十二，散布岩间崖下，各具一格，中以紫云洞和玉京洞最著名。山顶有梁妃塔，是南朝梁大同四年（公元 538 年）岳阳王命东阳州刺史为王妃建造。1947 年重建，四面七层，与国清寺塔遥遥相对。

"华顶秀色"，天台八景之一。华顶峰为天台山最高处，众山环拱，如片片莲瓣，华顶正当花心，故名。华顶峰有拜经台，传为智者大师拜经处。峰下有善兴寺，五代晋天福元年（936 年）德韶大师所立，后改名华顶圆觉道场，几经兴废，已非旧观。今存大殿为 1928 年所建，寺门题"华顶讲寺"。寺外树木成林，茅棚错落，为僧人所筑。旧时佛教斋期，山上常聚僧数百。古迹有太白书堂、墨池二处。书堂传为唐李白读书处，墨池传为东晋王羲之写《黄庭经》处。华顶峰也是观日出的好地方。

"铜壶滴漏"，天台八景之一。在天台山石梁飞瀑东。因地层裂陷而成洞。洞成壶形，腹大口小。洞内四壁岩石光滑，呈青绿色，宛如铜壶。有涧水冲入，水在壶内盘旋，发声咚咚，然后从形似壶嘴的岩隙中喷出，直注中坎岩石，形成一泓碧潭，故称铜壶滴漏。潭下有龙游涧和水珠帘。

"琼台夜月"，天台八景之一。在天台山桐柏水库西北。琼台后倚百丈崖，前对双阙，下临龙潭，三面绝壁，孤峰卓立，唯峰腰有悬磴可度。琼台形似马鞍，台上有石形似椅子，传八仙之一铁拐李曾住琼台对面万年山，每逢农历八月十五月明之夜，飞越万年山，来此坐石椅赏月，故称石椅为仙人座。台前各有小山一座，称"琼台双阙"。明月当空时，月影在溪潭底，下山时月从双阙落下。

"桃源春晓"，天台八景之一。在西天台山中。因东汉刘晨、阮肇入山采药，在桃源洞遇仙故事闻名于世。山中有桃源洞，洞畔有石峰两座，名双女峰，传即为刘阮遇仙处。桃源洞外 3 千米的宝相村附近有溪，为刘阮与二仙女分别之处，名惆怅溪。两山夹溪，溪岸遍植桃花，为宋元祐年间天台县令郑至道所栽。旧时春日桃花红艳，溪水澄碧，风光旖旎。

1988 年，天台山被国务院批准为国家重点风景名胜区，1992 年又被列为"浙江省十大旅游胜地"。

南岳衡山 72 峰之一，以林壑幽美，山幽洞深闻名。春天满山葱绿，夏天幽静凉爽；秋天层林尽染；冬天银装素裹。

岳麓山

岳麓山位于长沙西郊，湘江西岸，是南岳衡山 72 峰之一，南北朝时的《南岳记》就提到："南岳周围八百里，回雁为首，岳麓为足"，岳麓山由此得名。面积约 8 平方千米，古人赞誉其"碧嶂屏开，秀如琢珠"。唐宋以来，岳麓山即以林壑幽美，山幽洞深闻名。六朝罗汉松、唐宋银杏、明清松樟相当著名；爱晚亭、清风峡、蟒蛇洞、禹王碑、岳麓书院等景观闻名遐迩。这里还葬有黄兴、蔡锷等著名人物。岳麓山春天满山葱绿，杜鹃怒放；夏日幽静凉爽；秋天枫叶流丹，层林尽染；隆冬玉树琼枝，银装素裹，四季风景宜人。

岳麓山风景名胜区系国家级重点风景名胜区。位于古城长沙湘江两岸，由丘陵低山、江、河、湖泊、自然动植物以及文化古迹、近代名人墓葬、革命纪念遗址等组成，为城市山岳型风景名胜区。已开放的景区有麓山景区、橘子洲头景区。其中麓山景区系核心景区，景区内有岳麓书院、爱晚亭、麓山寺、云麓宫、新民主学会景点等。规划开放的景区有：天马山、桃花岭、石佳岭及土城头景点等，总面积达 36 平方千米。岳麓山风景名胜区南接衡岳，北望洞庭，西临茫茫原野，东瞰滔滔湘流，玉屏、天马、凤凰、橘洲横秀于前，桃花、绿蛾竞翠于后，金盆、金牛、云母、圭峰拱持左右，静如龙蛇逶迤，动如骏马奋蹄，凌空俯视如一微缩盆景，测视远观如一天然屏壁。可谓天工造物，人间奇景，长沙之大观。

岳麓山爱晚亭

　　岳麓书院在山之东麓，始建于宋开宝九年（976年），朱熹主讲期间是全盛时期，有学生千人，成为宋代四大书院之一。清光绪二十九年（1903年）改为高等学府，后又变成高等师范学校。1925年改为湖南大学。书院现存古建筑尚有御书楼、文昌楼、半学斋、十彝器堂、濂溪祠、湘水校经堂、自卑亭等，让人缅怀书院辉煌历史。

　　岳麓书院至麓山寺的谷地为清风峡。《岳麓书院志》记载："当溽暑时，清风徐至，人多休息，故名以次得。"历朝历代的人们都将这里看成是避暑的天然胜地。清风峡自然景色秀美，峡内林木茂密，古树参天，溪涧盘绕，流泉星罗棋布。风物景色随着气候和季节的转换，呈现出千变万化的姿态。峡内还有众多的文物古迹为世人所瞩目，内有历史悠久的佛寺名塔——舍利塔，有我国四大名亭之一的爱晚亭，有著名的二南诗刻，以及刘道一等近代名人的墓葬。

岳麓山云麓峰左侧峰峦上著名的"禹王碑"是岳麓山古老文化的象征，是宋代摹刻至此的。这块碑石刻有奇特的古篆字，字分9行，共77字。相传4000多年前的洪荒时代，天下被淹没洪水之中，大禹为民治水，到处奔波，疏导洪流，竟"七年闻乐不听，三过家门不入"，最终制服了洪水，受到百姓的尊重。传说大禹曾到过南岳，并在岣嵝峰立下了这块石碑。东汉赵晔《吴越春秋》就记载了这一传说："禹登衡山，梦苍水使者，投金简玉字之书，得治水之要，刻石山之高处。"唐代韩愈为此登临岣嵝峰寻访禹碑，虽未亲见，却留下了"蝌蚪拳身薤叶拨，鸾飘凤伯怒蛟螭"的诗句。1212年（宋嘉定五年），何致游南岳，在岣嵝峰摹得碑文，过长沙时请人翻刻于岳麓山巅。宋以后，碑被土所掩。明代长沙太守潘镒找到此碑，传拓各地，自此禹碑闻名于世。

岳麓山除禹王碑外，还有一块著名的碑刻——麓山寺碑。碑高近3

岳麓书院

米，宽1米多，由唐代著名文学家、书法家李邕撰文和书写。李邕撰写的此碑碑文为行楷书，词句华丽，字体秀劲，集汉魏碑铭之长。在李邕一生书写过的众多碑铭中，以麓山寺碑最为精美。碑的背面还有米芾等宋元名家的题名，因而历代书家都将它视作珍品。由于此碑的文采、书法、刻工都精湛独到，所以人们又称它"三绝碑"。"三绝碑"在我国古代碑刻艺术中声誉很高，碑字用行书是此碑新创，笔力雄健浑厚，后起书法大师，如苏轼、米芾等都沿袭其法。元代书法大家赵孟頫自言："每作大字一意拟之。"自古至今，许多著名文人游览岳麓山时都特意来观摩此碑，可见其对后人影响之大。

岳麓山也是爱国主义和革命传统教育的好课堂，这里长眠了辛亥革命时期为推翻帝制，实现共和而献身的先烈；为舍生取义而慷慨赴死的志士仁人；还长眠了抗日战争为抵御外侮而浴血疆场，以身殉国的中国军民。

那一座座为他们树立的丰碑墓志，永远昭示和激励着中华民族的子子孙孙，构成了岳麓山的一幅幅悲壮肃穆的人文景观。

| 本篇简介 | 道教发祥地之一，千峰叠翠，景色优美。素有"仙都""洞天之冠"和"天下第一福地"之称。 |

终南山

　　终南山又名太乙山、中南山、周南山，简称南山，是秦岭山脉的一段，西起陕西宝鸡眉县，东至陕西蓝田，千峰叠翠，景色优美，素有"仙都"、"洞天之冠"和"天下第一福地"的美称。主峰位于周至县境内，海拔2604米。对联"福如东海长流水，寿比南山不老松"中的南山指的就是此山。

　　终南山峻拔秀丽，如锦绣画屏，主要景点有太乙池、风洞、冰洞、翠华庙等。

　　太乙池为山间湖泊，传为唐天宝年间地震造成，四周高峰环列，池面碧波荡漾，山光水影，风景十分优美，如泛舟湖上，可穿行于峰巅之间，尽情地享受着大自然的情趣，其乐无穷。太乙池之西的风洞，高15米，深40米，由两大花岗岩夹峙而成。洞内清风习习，凉气飕飕，故称风洞。风洞之北的冰洞，虽盛夏亦有坚冰，寒气逼人。山中有一水库，泻水时飞瀑倾流。由山下望去，素练悬空，气势磅礴，亦成一景。每年农历六月初一至初三，翠华庙前皆有庙会。这时，游人如潮，十分热闹。

　　南五台青翠峭拔，富产药材，古人称它为终南神秀之最。山顶有观音、文殊、清凉、舍身、灵应5峰，俗称南五台，以观音台最著名。宝泉位于山腰，形如美玉，味似甜蔗，为品茗休憩之佳地。独松阁亦位于山腰，因阁中有一株古松，故得此名。阁周鸟语花香，景色如画，为览胜之佳地。观音台又称大台，位于独松阁之上，有隋国光寺遗址。此台视角开阔，北眺八百里秦川，令人胸襟为之一开，心旷神怡。

圭峰山俗称尖山，包括紫阁、大顶、凌云、罗汉诸峰，俏丽挺拔，形如圭玉，故称圭峰山。主要景点为高冠瀑布。瀑布位于圭峰山北坡，落差超过20米，急流飞溅，直下深潭，响声如雷。唐岑参有诗云："岸口悬飞瀑，半空白皑皑。喷壁四时雨，傍村终日雷。"这是高冠瀑布真实而形象的写照。瀑布上游巨石突兀，环绕而成一潭，称车厢潭。潭清见底，细石如鳞，历历可数，为寻幽探奇之佳地。瀑布下游流势平缓，形成一湖。水面波平如镜，湖周青山似屏，为嬉戏野营之佳地。

终南山为道教发祥地之一。据传楚康王时，天文星象学家尹喜为函谷关关令，于终南山中结草为楼，每日登草楼观星望气。一日忽见紫气东来，吉星西行，他预感必有圣人经过此关，于是守候关中。不久一位老者身披五彩云衣，骑青牛而至，原来是老子西游入秦。尹喜忙把老子

终南山远眺

请到楼观，执弟子礼，请其讲经著书。老子在楼南的高岗上为尹喜讲授《道德经》五千言，然后飘然而去。传说今天楼观台的说经台就是当年老子讲经之处。道教产生后，尊老子为道祖，尹喜为文始真人，奉《道德经》为根本经典。于是楼观成了"天下道林张本之地"。

自尹喜创楼观后，历朝于终南山皆有所修建。秦始皇曾在楼观之南筑庙祀老子，汉武帝则于说经台北建老子祠。魏晋南北朝时期，北方名道云集楼观，增修殿宇，开创了楼观道派。

进入唐代，因唐宗室认道教始祖老子为圣祖，大力尊崇道教，特别是因楼观道士岐晖曾赞助李渊起义，故李渊当了皇帝后，对楼观道特予青睐。武德（618－626 年）初，修建了规模宏大的宗圣宫。当时主要建筑有文始、三清、玄门等列祖殿，还有紫云衍庆楼和景阳楼等，成为古楼观的中心。以后历代虽时有修葺，但屡遭兵燹，至清末，宗圣宫仅存残垣断壁，一片废墟。此后，楼观的中心便转移到了说经台。新中国成立后，对古楼观进行了多次修葺，形成了以说经台为中心的建筑群。

说经台主要殿堂有四，即老子祠、斗姥殿、救苦殿和灵官殿。配殿有二，即太白殿和四圣殿。山门两侧有钟、鼓二楼，对峙相望。山门前，有石阶盘道，蜿蜒而至台顶。山门西侧不远处有一石砌泉池，名为上善池，内有一石雕龙头终年吐水不断。相传元至元二年（1283 年），周至地区发生瘟疫，无药可医，死者无数。当时楼观台的监院张志坚，晚上做了个梦，梦见太上老君告诉他说："山门前有块石板，石板下有泉水一眼，泉内有吾炼就之丹药，可治民疫。"张监院醒来后觉得很奇怪，就命小道士在山门前寻找，果然在西边的石板下，挖出一泉。张监院忙令人取水给患时疫的道士饮用，两个时辰后病人神奇地痊愈了。消息传出后，远近百姓都来取水治病，时疫遂退。三年后翰林学士赵孟頫来此游览，闻听此事十分惊奇，遂索纸笔大书"上善池"三字，取《道德经》"上善若水"之意。如今每逢庙会，香客仍争饮此水以祛病延年。

说经台南面峻峰上，有一座八卦形的炼丹炉，传为老子当年炼丹所用。台的东南方有一个"仰天池"，传为老子当年打铁淬火的水池。池的附近有老子修身养性的"栖真亭"。台的西边有化女泉，是老子教训弟子徐甲之处。传说老子西游途中将一具白骨点化成英俊少年徐甲，抵达函谷关后，老子将七香草点化成美女考验他，徐甲经不住诱惑，刚要有所动作，被老子用手一指，立即现出白骨原形。幸有尹喜为其求情，老子方又点化白骨为徐甲，并用拐杖怒触地面，美女遂化成一眼清澈的泉水。此泉清洌，至今尚可饮用。台的东北方有一座老子墓，墓为椭圆形，冢方4米，占地20平方米，墓前有清代毕沅书"老子墓"碑石。

　　说经台北二里处为宗圣宫遗址。临观遗址，首先映入眼帘的，便是9株历经千年仍然翁郁青翠、苍劲挺拔的古柏。当地群众尊称为"楼观九老"。其中有一棵树传为老子当年系牛所用，被称为"系牛柏"。树下留有元代所刻石牛一头。西南隅有3棵树，树上结瘿酷似3只昂首展翅、活灵活现的苍鹰，人们称之为"三鹰柏"。

　　楼观台留存有不少珍贵的碑刻，如唐代欧阳询撰书《大唐宗圣观记碑》、苏灵芝行书《唐老君显见碑》、宋米芾行书《第一山》、苏轼行书《游楼观台题字》，当然，最有名的还是高文举所书《道德经》碑两通。其字体介于石鼓文和大篆之间，书法劲力苍古，风格绚丽，近看是字，远看如花，字字珠玑，如梅花初放，被后人誉为"梅花篆字碑"。两通碑侧各有7个冷僻的字，为一般《字典》所不载，据称为老君十四字养生诀，其意为"玉炉烧炼延年药，正道行修益气丹"。

　　古人云："关中河山百二，以终南为最胜；终南千里茸翠，以楼观为最佳。"终南山楼观台以其悠久的道教历史、动人的神话传说和众多的文物遗迹，吸引着古往今来的信士游客。

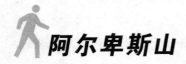

阿尔卑斯山

阿尔卑斯山是欧洲最高大的山。位于欧洲南部，呈一弧形，东西延伸，长约 1200 多千米，平均海拔 3000 米左右，最高峰——勃朗峰海拔 4810 米，山势雄伟，风景优美。阿尔卑斯山许多高峰终年积雪，晶莹的雪峰、浓密的树林和清澈的山间流水共同组成了阿尔卑斯山脉迷人的风光。欧洲许多大河都发源于此，素有"欧洲屋脊"的称号。

阿尔卑斯山西起法国东南部的尼斯，经瑞士、德国南部、意大利北部，东到维也纳盆地。许多山峰岩石嶙峋，角峰尖锐，有很多深邃的冰川槽谷和冰碛湖。直到现在阿尔卑斯山脉中还有 1000 多条现代冰川，总面积达 3600 平方千米，比欧洲国家卢森堡还要大。阿尔卑斯山区是古地中海的一部分，高大的褶皱山脉也是在喜马拉雅造山运动中形成的，角峰、冰川槽谷等是冰川的遗迹。当高大的阿尔卑斯山形成以后，近 200 万年以来，欧洲经历了几次大冰期，阿尔卑斯山区被厚达 2000 米的冰层所覆盖。冰川侵蚀岩石，凿地开道，形成了很多突兀的峭壁、尖锐的角峰和冰川槽谷，使山势显得特别险峻。

阿尔卑斯山除了主山系外，还有 4 条支脉伸向中南欧各地：向西一条伸进伊比利亚半岛，称为比利牛斯山脉；向南一条为亚平宁山脉，它构成了亚平宁半岛的主脊；东南一条称迪纳拉山脉，它纵贯整个巴尔干半岛的西侧，并伸入地中海，经克里特岛和塞浦路斯岛直抵小亚细亚半岛；东北一条称喀尔巴阡山脉，它在东欧平原的南侧一连拐了两个大弯然后自保加利亚直临黑海之滨。

在阿尔卑斯山脉范围内，各地的高度和形态大不相同。有主山脉周围低洼的前阿尔卑斯形成褶皱的沉积物，也有内阿尔卑斯结晶体地块。从地中海到维也纳，阿尔卑斯山脉可分为西段、中段和东段，各段都有几个不同的小山脉。

西阿尔卑斯山脉，从海岸向北伸展，穿过法国东南部和意大利西北部，抵达瑞士的日内瓦湖和隆河河谷。山脉的形态有：地中海附近滨海阿尔卑斯山脉是低洼而干燥的石灰岩，法国韦尔东峡谷是深壑，默康托尔山是结晶体的山峰，勃朗峰是冰川笼罩的圆丘。从这段山脉发源的河流皆向西流入隆河或向东流入波河。

中阿尔卑斯山脉坐落在瑞士—意大利边界上勃朗峰以东的大圣伯纳山口地区到科莫湖以北的施普吕根山口地区。在这一段地域内，有一些

阿尔卑斯山雪景

特别而且高的山峰，如杜富尔峰、魏斯峰高 4505 米；马特峰、芬斯特拉峰，高 4274 米。此外，处在这一段地域之中的还有一些大的冰川湖：南边的科莫湖、马焦雷湖；北边的图恩湖、布里恩茨湖、琉森湖。

东阿尔卑斯山脉包括有瑞士的拉蒂舍山脉、意大利的多洛米蒂山脉、德国南部和奥地利西部的巴伐利亚阿尔卑斯山脉、意大利东北部和斯洛维尼亚北部的尤利安阿尔卑斯山脉。

在阿尔卑斯山脉范围内，地形起伏差距很大。在勃朗峰地块西部和以芬斯特拉峰为中心的地块都是原地结晶岩构成的最高的山头。其他高山有勃朗峰推覆体和罗莎峰地块推覆体，它们也是结晶岩构成的。再向东为伯尔尼纳峰，它是超过 4000 米的最后一座山。在奥地利的最高峰大格洛克纳峰仅有 3797 米；德国巴伐利亚阿尔卑斯山脉中最高峰楚格峰仅 2962 米；斯洛维尼亚和尤利安阿尔卑斯山脉的最高点特里格拉夫峰仅 2864 米。在西阿尔卑斯山脉范围内，有些最低洼的地区是位于隆河进入日内瓦湖的三角洲上，海拔 372 米。在威尼斯北边东阿尔卑斯山脉的山谷中，海拔仅约 91 米的地方是屡见不鲜的。

阿尔卑斯山脉的气候成为中欧温带大陆性气候和南欧亚热带气候的分界线。山地气候冬凉夏暖。大致每升高 200 米，温度下降 1℃，在海拔 2000 米处年平均气温为 0℃。整个阿尔卑斯山湿度很大。年降水量一般为 1200～2000 毫米。海拔 3000 米左右为最大降水带。边缘地区年降水量和山脉内部年降水量差异很大。海拔 3200 米以上为终年积雪区。阿尔卑斯山区常有飓风出现，引起冰雪迅速融化或雪崩而造成灾害。阿尔卑斯山脉是欧洲许多河流的发源地和分水岭。多瑙河、莱茵河、波河、罗讷河都发源于此。山地河流上游，水流湍急，水力资源丰富。

阿尔卑斯山脉的植被呈明显的垂直变化。山脉南坡 800 米以下为亚热带常绿硬叶林带；800～1800 米为森林带，下部是混交林，上部是针叶林；森林带以上为高山草甸带；再上则多为裸露的岩石和终年积雪的山峰。山区居民，西部为拉丁民族，东部为日耳曼民族。动物有阿尔卑斯大角山羊、山兔、雷鸟、小羚羊和土拨鼠等。

在阿尔卑斯山区，因为四周有高山保护，越深的山谷越干燥，高的山峰则有较多雨量。降雪量也是各地区不同。海拔 700 米的地区，有雪的日子每年约 3 个月；1800 米地区，有雪的日子可达半年；2500 米地区，有雪的日子可达 10 个月；2800 米以上地区，则终年积雪。在冬天，阿尔卑斯山区经常阳光普照，而中部地方则相反，阴霾密布。故此冬天是旅游阿尔卑斯山的最佳季节。

阿尔卑斯山脉是欧洲最大的山地冰川中心。山区覆盖着厚达约 1000 米的冰盖。各种类型冰川地貌都有所见，冰蚀地貌尤为典型。只有少数高峰凸出冰面构成岛状山峰。许多山峰角峰锐利，山石嶙峋，峻峭挺拔，并有许多冰川侵蚀作用形成的冰蚀崖、角峰、冰斗、悬谷、冰蚀湖以及冰川堆积作用的冰碛地貌。中阿尔卑斯山麓瑞士西南的阿莱奇冰川最大，长约 22.5 千米，面积约 130 平方千米。阿尔卑斯山地冰川作用形成许多湖泊。最大的湖为泊莱芒湖，另外还有苏黎世湖、博登湖、马焦雷湖和科莫湖等。美丽的湖区是旅游的胜地。西、中阿尔卑斯山风景宜人，设有现代化旅馆、滑雪坡和登山吊椅等。冬季滑雪运动吸引大量游客。山麓与谷地间的不少村镇，山清水秀，环境幽雅，每年都有大量游客来此旅游。

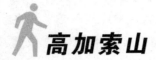

高加索山

巍峨的高加索山脉位于黑海和里海之间，自西北向东南蜿蜒，其中的大高加索山脉是亚欧两洲分界线的一部分。

大高加索山脉全长 1200 千米，可分为东、中、西三段。东、西两段山势较低，一般海拔在 4000 米以下，山体宽度为 200 千米左右；中段山体较窄，山势高峻，许多山峰海拔在 5000 米以上，厄尔布鲁士山为最高峰，海拔 5642 米，山上气候寒冷，终年积雪。

大高加索山脉自然景观的垂直变化十分明显。海拔 2000 米为农作物耕种线，2000～2800 米为针叶林和高山草甸，2800～3500 米为雪线。

小高加索山脉的走向大体上与大高加索山脉平行，位于大高加索山脉以南。两山之间是黑海沿岸的科尔希达低地和面向里海的库拉—阿拉克斯低地与连科兰低地。

大高加索山脉和小高加索山脉是阿尔卑斯运动形成的褶皱山系，地质构造复杂，新构造运动十分强烈，多火山和地震。

高加索山脉的矿产资源丰富，尤其是油气和金属矿储量很大。这里有著名的巴库油田、斯塔夫罗波尔天然气田、恰图拉锰矿和亚美尼亚铜矿等。

高加索山区有许多旅游和疗养胜地。这里的自然风光吸引着众多游人，休息疗养地设施齐全。在巴库，每年 10 月 5～13 日都要举行"高加索的旋律"艺术节。爱好登山的游客可以在这里大显身手，爱好高山滑雪的游客可在每年的 1～3 月到高加索的埃里布鲁斯基和多姆巴巴伊等地，那里有设备完善的滑雪场，为游客提供各种服务。

高加索山区最著名的游览地为索契和苏呼米两座城市。

索契风景秀丽，是疗养胜地，它北依大高加索山脉。站在市边的大阿洪山上，可环视白雪皑皑的大高加索群山。市内建有许多疗养所和宾馆，向全世界的旅游者开放，每年来这里的游客超过 250 万。著名的疗养点马采斯塔矿泉远在古罗马时代就远近闻名，具有奇特的医疗效果。

苏呼米也是著名的旅游和疗养胜地。这里临山靠海，市内林木茂密，名胜古迹众多。在苏呼米近郊有以统一格鲁吉亚各公国第一代皇帝巴格塔拉第三命名的城堡遗迹。离城 4 千米，还有一道著名的克拉苏里墙，是古代军事工程，类似中国的长城，它跨越山谷，蜿蜒绵亘，颇为壮观。此外，在奥恰姆奇列区还有一处洞窟群，其中最著名的是契娄洞，又称阿勃拉斯山洞，长达两千米。苏呼米市的植物园、森林公园也很有名。

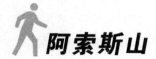

阿索斯山

　　在希腊北部哈尔基季基半岛的东南端峡角上，有一座林木茂密风光秀丽的山峰，这就是被称为希腊"圣山"的阿索斯山。

　　阿索斯山上坐落着 20 所建于 10～16 世纪的修道院，其中最古老的修道院为拉夫雷修道院，是拜占庭时期的僧侣阿塔那修斯于 936 年建成的。山中各修道院虽然建筑风格不一，但一般都由院墙、钟楼、教堂、饭厅和静室各部分构成。其中也有一类修道院不设饭厅，因为这里的修道士们各自"自省其身"，几乎完全独立，没有集体生活。在拜占庭时期，阿索斯山上各修道院受到了帝国皇帝的特别恩赐和保护。土耳其人征服之后，这里是东正教发展和繁荣的基地。15 世纪，此地开始组成僧侣自治村，允许僧侣拥有私人财产。1927 年，由希腊宪法规定成立僧侣自治共和国，由 20 所修道院各派一名代表组成一个具有立法权力的会议和由 4 名僧侣组成的行政委员会进行管理，驻地设在卡里埃。

　　在阿索斯山 1600 多居民中，大多数是修士，还有少数隐士，因此人们把这座山称为"圣山"，修道院所在的村庄被称为"圣村"，而整个僧侣自治共和国也有"修士之国"的称号。

　　阿索斯山上的居民皆为男性修士和隐士。早在公元 1060 年，拜占庭皇帝君士坦丁九世就颁布法令，禁止任何女人和雌性动物在此生存。如今仍然严禁妇女进山，男性公民和外国游客欲进山"朝圣"，也需要在北方部开特别通行证，并在圣山总部卡里埃登记注册。即使如此戒备，在山上停留的时间也有严格的限制，对外国学生和访问者，尤其苛刻。为了保持"中世纪"的古朴气质，山上大部分地区没有电灯，交通也不方便，游人多靠步行或搭乘毛驴车在山上各修道院间访问。圣村里有修道士开设的商店和客栈，免费为游人提供膳食和住宿，但是游人要照例给予适当的馈赠。山中的修士以自耕自种或手工劳作为生，他们大都沉默寡言，蓄须留发，身披东正教大斗篷，每日诵经祈祷，辛勤劳作，如此度过一生。

希腊北方各城市的旅游中心都组织圣山游览，但是并不进山，而是在半岛与圣山的分界处略作窥探，或者乘游艇在 500 米之外绕山而行，远远地一睹"仙山琼阁"。

阿索斯山上的大修道院犹如城堡，建筑十分精美。建于公元 10 世纪的瓦妥佩迪修道院较有代表性，它的主教堂是拜占庭时期的建筑，有二三十米高，墙上绘满了壁画，柱上挂有古老的圣像画，这些画大都是14～18 世纪的产物。教堂地面是由各种颜色的大理石铺成的图案。圣坛前面摆放着金箔贴成的雕刻木隔扇，光彩辉煌。圣坛内保存着大量古宗教文物，包括以黄金作封面嵌着宝石的古圣经，圣母玛丽亚的腰带等。

阿索斯山的藏书也很有名。这里藏有 13 世纪绘制的地图，以及数千种古代的手抄本、轴卷和善本书，这是希腊的珍贵文化遗产，也是人类文明的重要财富。

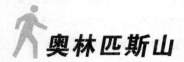

奥林匹斯山

　　奥林匹斯山又译奥林帕斯山，坐落在希腊北部，是由非洲大陆与欧亚大陆挤压而成。近萨洛尼卡湾，东北与希腊北部名城塞萨洛尼基遥对，海拔高度2917米，其名称的希腊语意为"发光"，但也可能来源高加索语"山"一词。它是塞萨利区与马其顿区间的分水岭。其米蒂卡斯峰高2917米，是希腊全国最高峰。为了与南面相邻的"下奥林匹斯山"相区别，又称"上奥林匹斯山"。

　　奥林匹斯山山顶终年积雪，云雾笼罩，长久以来被认为是众神的居留地。

　　古希腊人尊奉奥林匹斯山为"神山"，他们认为奥林匹斯山位于希腊中心，而希腊又居地球的中心，于是奥林匹斯山也就是地球的中心。那些统治世界、主宰人类的诸神就居住在这座高山上。

　　古希腊人信奉的诸神众多，包括有主神宙斯、天后赫拉、海神波塞冬、智慧女神雅典娜、太阳神阿波罗、月亮与狩猎女神阿尔泰弥斯、谷物女神德墨忒尔、火神赫菲斯托斯、战神阿瑞斯、众神使者与亡灵接引神赫尔墨斯、灶神或家室女神赫斯提，有时也包括酒神狄俄尼索斯和英雄赫拉克勒斯。

　　古希腊人认为这些神祇都居住在雄伟的奥林匹斯山中，他们在这里饮宴狂欢、主宰地球。主神宙斯就居住在陡峭险峻的弥形山峰——斯泰法尼峰峰顶，他呼风唤雨，投雷掷电，降祸赐福，随意施行，不仅主宰

奥林匹斯山

人类，而且主宰诸神。而赫拉孔山则是缪斯女神的居住之地。

爱神与美神阿芙罗狄蒂（罗马神话中为维纳斯），是主管爱情、婚姻和家庭的保护神。年轻、漂亮的维纳斯曾因特洛伊王子帕里斯把"第一美女"的象征——金苹果送给她，从而引起赫拉和雅典娜的嫉恨，最后酿成一场长达10年的特洛伊战争。据说在奥林匹斯山下，曾立着一座维纳斯的雕像，是公元前5世纪希腊雕塑家卡列马霍斯创作的，但早已被盗卖到巴黎的卢浮宫。

奥林匹斯山高耸入云，长年云雾缭绕，一年之中有2/3时间被积雪覆盖，其最高峰直插云中。山坡上橡树、栗树、山毛榉、梧桐和松林郁郁苍苍，景色十分优美。古希腊人把这美妙的地方作为众神的居住地也是由于这个原因。

但是后来希腊人改变了看法，因为奥林匹斯山冰装雪裹，云雾环绕，并不是诸神居住的理想住所。希腊人又根据他们的航海经验，得知希腊并不是世界的中心，奥林匹斯山更不是全球的中心，所以那些神祇也就不可能居住在奥林匹斯山上。

　　他们开始认为他们想象中的奥林匹斯山远在天边，诸神居住在那个可望而不可即的遥远的地方，具有更神圣的魅力。但无论怎样，奥林匹斯山仍是希腊人心目中一座美丽的山峰。

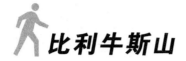

比利牛斯山

比利牛斯山位于法国和西班牙两国的交界处，西起大西洋比斯开湾，绵延约 435 千米，止于地中海岸。山脉一般宽度为 80～140 千米，东端最窄，仅 10 千米，中部最宽，为 160 千米。比利牛斯山是欧洲西南部最大的山脉，海拔多为 2000 米以上。

比利牛斯山按照自然特征可分为三个部分，即：西比利牛斯山，中比利牛斯山，东比利牛斯山。

从大西洋岸到松波特山口，为比利牛斯山西段，山体由石灰岩构成，大多山峰海拔不到 1800 米。这部分山脉降水量大，河流遍布，山体被河水侵蚀，形成山口，为法国和西班牙两国开辟了一条天然通道，为两国密切来往提供了一个便利条件。

中段比利牛斯山包括从松波特山口到加龙河上游河口的这部分山体。这段山脉山势最高，险峰林立，海拔 3000 米以上的山峰就有 5 座，其中阿内托峰最高，3404 米。

比利牛斯山东段从加龙河上游到地中海岸，又称为地中海比利牛斯山。这段山脉海拔较低，多为由结晶岩组成的块状山地和山间盆地。在离地中海约 48 千米处，有一海拔 300 米的山口，是通达南北的交通要道。

庞大的比利牛斯山实际上是阿尔卑斯山脉的延伸，具有阿尔卑斯山脉的自然特征。山体主要由花岗岩、古生代页岩和石英岩构成，并遍布

比利牛斯山风景

冰蚀谷、冰蚀湖，冰川广泛发育。现代冰川多集中在海拔达 3000 米的冰斗和悬谷之内，总面积约为 40 平方千米。

比利牛斯山既是法国和西班牙的界山，又是法西边界的阿杜尔河、加龙河，以及埃布罗河的分水岭。属地中海水系的埃布罗河，冬夏降水差异较大，冬多夏少，水位变化较大；属大西洋水系的阿杜尔河、加龙河则四季降水均匀，河流水位变化不明显。

比利牛斯山脉的气温和植被随山脉海拔的变化而变化，层次明显。海拔 400 米以下的地带，多生长石生砾、油橄榄、栓皮栎等典型的地中海型植物；海拔 1300 米以下，则是落叶林和其他阔叶落叶林的分布带；1300～1700 米，是山毛榉和冷杉分布的地区；再往上到 2300 米海拔高度时，则为高山针叶松林带；2300～2800 米则为高山草甸，2800 以上则常年积雪覆盖，缺少生机。

比利牛斯山脉蕴藏着丰富的矿藏，铁、锰、铝土、汞、褐煤等矿产丰厚。另外，山中风光优美、景色宜人，是重要的旅游胜地，又是冬季登山滑雪的好地方。

在比利牛斯山的东坡，有一个特殊的小国家，即安道尔公国。这个国家是欧洲地势最高的国家之一，也是欧洲 4 个"袖珍国"最大的一个，面积仅有 465 平方千米。

由于安道尔境内高山环抱，峰峦相映，最高峰科多佩特罗峰海拔2975 米，并拥有天然的滑雪场与狩猎场，可供游客滑雪打猎自娱。过了冬天，群山披绿，万木复苏，景色迷人，再加上山间湖泊，流水潺潺，城中奇特的风情建筑，构成了一幅美丽的图画，使安道尔成为一个极具魅力的度假中心，吸引着全世界的人们。

本篇简介 **B**enpian **B**jianjie 著名的火山公园，其火山群形态各异，多姿多彩，景象万千，特别是熔岩流景更是景象非凡。

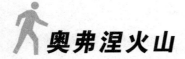

奥弗涅火山

　　奥弗涅火山位于法国中部城市克勒蒙菲朗城的西面。整个火山群由近 90 多个规模不等的火山锥组成，其中近 70 多个相对集中在火山带的中北部的多姆高原上，绵延 30 多千米，形成奇伟瑰丽的多姆山脉。

　　整个奥弗涅火山群散在南北 70 千米，东西 20 千米的矩形地带上，形态各异，多姿多彩，景象万千。特别是它独特的火山性质、熔岩流景，更吸引了人们的注意力。现在，奥弗涅火山地区已辟为"火山公园"，供来自各地的游客观赏景色。

　　奥弗涅山脉的火山特性是 1751 年由法国地质学家凯塔尔通过实地认真考察，才揭示出来的。而在此之前，人们一直对此一无所知，以为这一带绵长的山脉是大自然早已塑造成功的构造山脉，事实却并非如此。

　　多姆高原原为结晶地垒，宽 8～9 千米，平均海拔 1000 米以上，东部方向的利马涅凹陷带海拔仅 300 米、两者中间由一条南北向大断裂相隔，高原东部边缘形成一倾角 30°的大陡坡，坡面上遍布幽谷。高原火山的熔岩流沿峡谷奔泻而下，流入开阔平坦的利马涅地区。高原两面由凹陷带和谷地构成，坡度较小，熔岩流直接覆盖在基岩之上。

　　熔岩在流动过程中，随地貌形态变化，亦随自身性状变化，因而形成了千变万化的熔岩表面。有的如海上汹涌的波涛，有的又平坦得像一块芦席；有的突起串串，有的形似长绳……总之，变化万千，奇妙非凡。

　　而熔岩旋流则形成了高原东南常见的螺旋形小锥体。如熔岩内发生喷气，则形成喇叭花状和环状喷气穴或塔式叠维，甚至还可形成熔浆洞穴。克勒蒙菲朗城以西的卢瓦亚特就有几个这样的洞穴，其中一洞内有暗水，水中有一长石可蹲坐其上洗衣，又称为"女佣洗衣洞"。

　　奥弗涅火山群的火山锥大都喷发过，至少在形成时喷发了一次，在山顶处可寻到喷发时留下的痕迹。

　　由黑灰色的玄武岩或粗安岩，即基性熔岩构成的火山为火口火山。这类火山由于基性熔岩的流动性强，喷发时的爆发力较小，因而喷发时，与打开瓶塞的啤酒瓶类似。

　　当地下的熔岩遇到断裂，由于高压而含于熔浆之内的气体便游离出来，带到熔浆冲溢出地表。喷发过后，山顶便留下圆形或半圆形的凹陷。如：位于山脉北段的卢沙弟艾尔火山锥和南段的蒙代叶火山锥，顶部凹陷一侧破损，使火山口形似圈椅；多姆山脉中段的新巴利乌火山锥，其顶部有一直径约 300 米，深 95 米的圆坑，四周封闭，形似一只大碗；山脉中段孟叶火山顶有三个火口，二个如目，一个似嘴，从高空俯视，似一只坐井观天的青蛙，十分有趣。

　　多姆山脉中北段有几个由灰白色熔岩，即酸性熔岩构成的穹形火山锥。这种火山是在发生强烈爆炸之后，黏稠的熔浆如挤出的牙膏，铺摊在火山通道四周，层层叠积而成。如大萨尔古伊山，表面规则平滑，如一只倒扣在地上的大锅。

　　叠状复合火山是奥弗涅火山群中特殊的一种类型。这种火山是由于火山的多次喷发形成的，即第二代火山先以爆炸方式破坏掉由基性熔岩建造的第一代火山。喷溢出的熔浆于火山口四周构成圆形堤坝，围成熔岩湖。熔岩集聚过多，便破堤流出。湖面上重新又喷发出火山，形成几个第三代火山，三代同堂的奇异火山景观，十分引人注目。

　　火山喷发过后，往往在火山口内积聚了熔浆和地表水，形成了火山口湖。如位于多姆山脉南、北端的巴万湖和达兹那湖就是火山口湖。两湖风景优美，碧波荡漾。其中，巴万湖直径750米，深92米，湖壁直立；达兹那湖略小，直径700米，深66米，湖壁颇缓。多姆山脉最北端的博尼特火山口湖曾是奥弗涅地区最大的低平湖，直径达2000米，后因湖内又喷出新火山，湖面缩小。

规模极大，风格独具的火山锥——多姆山是奥弗涅火山群中一颗灿烂的明珠，它位于克勒蒙菲朗城以西8千米处，置于火山带中央，登上山顶可观山区全景。

多姆山高500米，顶部有一平台，平台上建有石墙和石栏。东侧有一石柱，上安有望远镜，交上1法郎，便可尽情欣赏美丽的风景。另外，多姆山顶还安有电视塔，塔尖巍然指天，靠北一侧的深灰色高大建筑是克勒菲蒙菲朗大学多姆山地球物理研究所的观测站。

游览奥弗涅火山群，人们可以领略到大自然给予人类的奇异的魅力。

圣·米歇尔山

在法国西北部布列塔尼半岛和诺曼底半岛之间的圣马洛海湾里，有一个风光绮丽、闻名遐迩的小岛，尽管它的面积不大，海拔不高，却享有"西方奇迹"之美称，是西欧著名的古迹之一，被联合国教科文组织列为世界文化遗产，这个小岛就是圣·米歇尔山。

圣·米歇尔山距离海岸约2千米，属于芒什省，岛上岩石裸露，呈圆锥形，周长仅900米，山头高出海面78米，四周是悬崖峭壁，攀登十分困难。

在古时，这个小岛荒无人烟，是凯尔特人敬神的地方。公元8世纪初，一个名叫圣·米歇尔的神父来到这个荒凉的小岛，在岛上最高处修建了一座奉献给天使长圣·米歇尔的小教堂，从此这个小岛上才开始有人居住，后来小岛改名为圣·米歇尔山。

13世纪时，人们在小教堂的基础上重新修建了气势雄伟的圣·米歇尔大教堂，这是一座与巴黎圣母院同时代的著名建筑物，也是欧洲的哥特式建筑中最古老和最杰出的建筑之一。教堂有3个大门洞，门框的上方刻着圣母和耶稣等的雕像，窗户窄而长，距离地面很高，镶着拼成美丽图案的玻璃，墙壁上嵌有众多宗教内容的绘画和浮雕，空旷的大厅里光线暗淡，阴森可怖，充满了神秘的宗教气氛。过去的小教堂经常遭到雷击的破坏，而这次大教堂的屋顶设计则是独具匠心。教堂的屋顶有许多尖塔，在主教堂的塔顶，是圣·米歇尔雕像，他手中高擎一把剑，

圣·米歇尔山中修道院

是教堂的最高点，它实际上起着避雷针的作用，这绝妙的设计，不能不使我们对教堂的建造者产生由衷的赞叹。

1203～1228 年，人们又在小岛的北边修建了以梅韦勒修道院为中心的 6 座建筑物。整个建筑群朴素无华，古色古香，1 米多厚的石墙，三角形的屋脊和巨大的拱柱显示了中古迦洛林王朝古堡和古罗马式教堂的风格。梅韦勒修道院在英法百年战争中遭到一定破坏，1658 年，修道院改建成国家监狱，这里用铁笼来关押犯人，以酷刑著称，法国著名的作家德弗尔格斯和沙维辛尼都曾被关押在这里。1811 年，拿破仑又将它辟为博物馆。事实上，直到 1863 年，法国政府才停止向这个小岛上流放犯人，从 1874 年起，这些建筑得到修复，重新恢复了昔日的风采。

过去，圣·米歇尔的交通十分不便，人们上岛朝拜或参观都必须乘船。1875年，在陆地到小岛之间修筑了一条笔直的大堤，人们在退潮时可以直接进入圣·米歇尔山。在大堤离小岛两三米的海上还修建了一座木桥，这是岛上唯一的出入口，通过小桥，上山时经过3道大门，便可游览岛上唯一的一条街道。街上商店林立，游人熙攘，在历史博物馆里可以看到15、16、18世纪时法国的铜版画和大理石雕像，以及19世纪时风靡法国的透景画和古代名人蜡像，此外还陈列着古代的各种兵器和其他文物。从博物馆出来，再登上石阶，就到了圣·米歇尔山的最高处，可以欣赏到著名的大教堂和小岛四周美丽的大海。

　　圣·米歇尔山每年有大约250万人前来观光和朝拜，是法国著名的游览胜地。现在，由于泥沙沉积，海底逐渐增高，每当退潮的时候，小岛周围的海底已经可以完全露出水面，这种状况持续下去，估计几十年后圣·米歇尔山将与陆地相连。为了保护其本来面目，联合国教科文组织和法国政府正在采取措施。

本篇简介
Benpian
Bianjie

巴尔干半岛的"脊背梁"，其最高峰"博特史"巍峨壮丽。
当中还有小城克里苏拉、寺院教堂遗址林立，极具科考价值。

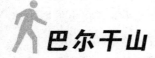

巴尔干山

巴尔干山脉发源于南斯拉夫边境的奇莫克河，一直延伸至黑海之滨，绵延 555 千米，平均高度约 700 余米，总面积约为 1.2 万平方千米。它横贯保加利亚全境，是多瑙河和爱琴海及马尔马拉海的分水岭，被称为是巴尔干半岛的"脊梁"。

巴尔干山脉在古希腊时期，被当时的历史学家称为"珂埃蒙"，罗马人又称之为"赫穆斯"。"赫穆斯"在希腊文中是"血"的意思，因而巴尔干山又称为"血山"。围绕着这座血山，流传着许多动人的传说。其中一个传说为一位风火神在沿着高山登天时，被天神宙斯杀死，它的鲜血染红了满山遍野。

有的传说则称：巴尔干半岛最早居住的色雷斯人的著名歌手奥菲士，曾站在山顶上为被蛇咬死的妻子哭泣。他悲恸欲绝的歌声飘向遥远的天空。有的还说，公元前 181 年，马其顿王菲力曾登上赫穆斯的最高峰，远眺他征讨罗马时经过的土地，从山顶上可看到黑海、白海。

公元 6 世纪，斯拉夫人来到了巴尔干半岛，把"赫穆斯"改成了"马托里埃"，意思是"成熟的"、"老的"意思。公元 14 世纪，土耳其人征服了巴尔干半岛的广大地区，并将山名改为"科贾巴尔干"，或简称为"巴尔干"，意为大山。这一名字从此延续下来，直至今日。整个巴尔干山脉是链状山脉，由一条主脉和几条平行的小支脉组成。大体分为 3 段，即西、中、东段。

西段从贝洛格拉奇查隘口到兹拉蒂查隘口长约 200 千米。这段山脉曲折蜿蜒,西北—东南走向,西段较窄较低,东面较宽且高,最高峰 2000 余米。中段从兹拉蒂查隘口到弗拉特尼克隘口,全长 185 千米。这段山脉较为完整,巴尔干山脉的最高峰"博特史",就在这里。此峰高 2376 米,十分巍峨壮丽。

东段包括弗拉特尼克隘口到黑海这一部分山脉,长约 155 千米。这段山脉地势较缓,山幅渐宽。巴尔干山脉南北两面,气候差异较大。北坡较平坦,气温低,较湿润;南坡日照长,干燥,森林面积少,山中多岩洞,遍布温泉和矿泉,是旅游胜地。巴尔干山脉与保加利亚密切相连。保加利亚境内有 2/3 的面积是山地和丘陵,巴尔干山上居住着的保加利亚人占总人口的 1/3。

巴尔干山脉中的布兹鲁查峰上建起了一座人民公园,树起了高达 78 米的纪念碑,纪念保加利亚的革命先烈,以激励保加利亚人民继续为民族独立而斗争。

著名的玫瑰谷也在巴尔干山间。玫瑰谷东西长 130 千米,南北宽 15 千米。这里受地中海暖流影响,空气湿润,给玫瑰的生长提供了理想的条件。相传从 17 世纪起,这里就从小亚细亚引种玫瑰,现在平均每亩土地可产玫瑰花瓣 100 千克。约 3000～3100 千克玫瑰花才炼出 1 千克玫瑰油,其价值相当于 1.52 千克黄金。玫瑰谷的玫瑰花有 7000 多个品种,能炼油的只有 4 种。相传数百年前,克什米尔有一位美女,喜爱玫瑰花的香味,洗澡时把玫瑰花撒入池内,玫瑰花中含有油的花瓣,使水上漂着油滴,浓香经久不散。后来,人们开始提炼玫瑰油。现在保加利亚生产的玫瑰油产量占世界首位,出口量占世界市场的 80%。保加利亚全国 3/4 的玫瑰都生长在玫瑰谷里。每年 5 月底到 6 月中旬,玫瑰谷都要举行隆重的玫瑰节。

巴尔干山千变万化的风姿,使它的每个部分都独具魅力。但最美丽和最生动的景观要数截断巴尔干山的伊斯克隘口。伊斯克隘口主体部分长 67 千米，伊斯克河水通过隘口，两岸风光秀丽。伊斯克隘口是奇异的岩石世界，由红色砂岩、透明和浅灰色的灰岩、绿色页岩和粒状辉绿岩组成的五光十色的岩层，令人眼花缭乱。在隘口的留蒂勃罗德一侧出口处，是著名的岩石帷，这个别具风格的岩石构造，经过河水的切割力的作用，像大车棚两边的车厢，陡峻地耸立在河岸。岩石帷附近的拉绍夫山谷，是 1876 年 6 月一支起义支队抗击土耳其统治的革命遗迹。

保加利亚风景秀丽的小城克里苏拉坐落在山中。克里苏拉在奥斯曼时代称为"奥登克里拉"，意为"两山夹持中的黄金路"。克里苏拉城绿树葱茏，依山傍水，吸引着大批旅游者。

保加利亚最小的城市梅尔尼克也在大山之中，原是拜占庭时代的囚犯放逐地。梅尔尼克至今还保存着巴尔干半岛上最古老的拜占庭屋宇，以及第一保加利亚王国时期的城址、教堂、寺院的遗迹，具有极高的艺术价值。

巴尔干山脉拥有丰富的矿藏，这为保加利亚提供了巨大的财富。这里的煤炭、金属、木材和石料，以及水力、电力和牧场、果园，对保加利亚国民经济起着重要作用。巴尔干山中段的什普卡隘口和弗拉特尼克之间，是闻名世界的巴尔干煤田。这一煤田蕴藏丰富，是保加利亚炼焦煤的主要产地。

保加利亚最大的铁矿——克雷米科史齐铁矿在巴尔干西段的索非亚附近，是保加利亚最大的钢铁基地克雷米科史齐钢铁联合企业的重要资源。巴尔干山脉记载着保加利亚的过去和现在，是保加利亚人民钟爱的一座大山。

里拉山

　　里拉山位于保加利亚的西南部，为古老结晶岩及花岗岩构成的抬升地块，由于受到强烈的切割力的作用，山谷之上多为高耸的峭壁和山脊。

　　里拉山处于北方大陆性气候和南方地中海气候影响的会合处，因此气候多变。这里降水丰沛，云雾较多，日照时间短，气温较低。里拉山山地高处终年积雪，山间针叶林分布广泛，主要林木有冷杉、云杉、欧洲赤松、黑松等。

　　里拉山的有色金属矿贮量丰富，铅、锌、铜等资源极为可观。山上还分布着众多温泉，涌出的泉水汇成小溪，在参天古木中淙淙流淌，景色迷人。

　　里拉山最著名的景观不是自然的，而是人工的。以山名命名的里拉修道院是保加利亚最有名的古修道院。里拉修道院坐落在里拉山的一个山谷里，海拔 1200 米，占地 8800 平方米。

　　里拉修道院始建于公元 10 世纪中期，历史上几次被毁和重建。修道院建在一条溪流之上，很像中世纪的城堡，整个建筑布局紧严，包括不同时期建造的教堂、防御塔和一座半圆形的四层楼，此楼分为东西南北四部分，共有 300 个房间，过去曾经同时供上万名朝圣者在此住宿。防御塔建于 1335 年，共有 5 层，高 25 米，完全用红砖和石头砌成，塔的窗户很窄，塔身有无数射击孔，塔的最高一层是小教堂，内有壁画装饰，塔顶平坦，四周有近似掩体的雉堞。防御塔的一部分曾在土耳其人入侵时被大炮轰坏。

里拉修道院殿堂的墙壁上，有许多壁画和神像，它们大都出自名师之手，极具艺术价值。修道院中还珍藏着各种珍贵的历史文物，其中包括保加利亚的第一架地球仪、手工艺品、木雕、修道院卫士使用过的各种武器、朝圣妇女供献的银带扣、历代主教权杖和织金法衣以及古代皇室器物等。

里拉修道院的历史告诉我们，它是保加利亚人民的"民族精神的堡垒"。自从 10 世纪中期里拉的隐士约翰创建这座修道院以来，几个世纪里，它都是保加利亚最重要的修道院，在这里甚至还兴起过一个著名的文学流派。在土耳其人入侵期间，这座修道院曾经三次被焚毁。奥斯曼帝国统治时期，它成了民族的象征，通过这座修道院，保加利亚人民顽强地抵御了外族的奴化政策，将自己的民族旗帜保存下来。1961 年，里拉修道院被辟为国家博物馆，同时也是国家级旅游区。

在里拉山北坡平坦山岗和中部山地相连接的地方，是皇家猎场鲍洛维茨。鲍洛维茨意为"松林"，其周围均是参天的古松密林。丛林中生长着青草、越橘、草莓和杨梅果，供游客休养的小别墅、旅馆和休养站就设在丛林深处。鲍洛维茨原来是土耳其总督和贵族的猎场，保加利亚独立后改为皇家猎场，并修建了行宫。行宫位于密林之中，全部就地取材，不用砖瓦，建造时采用了各种不同的镶嵌和雕镂手法，表现了保加利亚民族传统的木工艺术。宫前有座小假山，种有几百种植物，看上去就像一个巨大的盆景。冬季，这里是全国滑雪基地之一，经常举行国际性的滑雪比赛。

东非大裂谷

　　东非大裂谷是世界大陆上最大的断裂带，从卫星照片上看去犹如一道巨大的伤疤。当乘飞机越过浩瀚的印度洋，进入东非大陆的赤道上空时，从机窗向下俯视，地面上有一条硕大无朋的"刀痕"呈现在眼前，

东非大裂谷

顿时让人产生一种惊异而神奇的感觉,这就是著名的"东非大裂谷",亦称"东非大峡谷"或"东非大地沟"。

由于这条大裂谷在地理上已经实际超过东非的范围,一直延伸到死海地区,因此也有人将其称为"非洲——阿拉伯裂谷系统"。

东非大裂谷从约旦向南延伸,穿过非洲,止于莫桑比克,总长6400千米,平均宽度48～64千米。北段有约旦河、死海和亚喀巴湾。向南沿红海进入衣索比亚的达纳基勒洼地。裂谷后经希雷谷到达莫桑比克的印度洋沿岸。西面一岔裂谷从尼亚沙湖北端呈弧形延伸,经过鲁夸湖、坦干伊喀湖(世界第二深湖)、基伏湖、爱德华湖和艾伯特湖。裂谷湖泊多深而似峡湾,裂谷附近高原一般向上朝裂谷倾斜,有些湖底大大低于海平面。

东支裂谷带是主裂谷,沿维多利亚湖东侧向北经坦桑尼亚、肯尼亚中部,穿过埃塞俄比亚高原入红海,再由红海向西北方向延伸抵约旦谷地,全长近6000千米。这里的裂谷带宽约几十至200千米,谷底大多比较平坦。裂谷两侧是陡峭的断崖,谷底与断崖顶部的落差从几百米到2000米不等。

西支裂谷带大致沿维多利亚湖西侧由南向北穿过坦噶尼喀湖、基伍湖等一串湖泊,向北逐渐消失,规模比较小,全长1700多千米。

东非裂谷带两侧的高原上分布有众多的火山,如乞力马扎罗山、肯尼亚山、尼拉贡戈火山等,谷底则有呈串珠状的湖泊约30多个。这些湖泊多狭长水深,其中坦噶尼喀湖南北长670千米,东西宽40～80千米,是世界上最狭长的湖泊,平均水深达1130米,仅次于北亚的贝加尔湖,为世界第二深湖。

东非大裂谷是纵贯东部非洲的地理奇观,是世界上最大的断层陷落带。据说是由于约3000万年前的地壳板块运动,非洲东部地层断裂而形成的。地理学家预言,未来非洲大陆将沿裂谷断裂成两个大陆板块。

东非大裂谷还是人类文明最早的发祥地之一,20世纪50年代末期，在东非大裂谷东支的西侧、坦桑尼亚北部的奥杜韦谷地，发现了史前人的头骨化石，据测定分析，生存年代距今足有 200 万年。1972 年，在裂谷北段的图尔卡纳湖畔，发掘出一具生存年代已经有 290 万年的头骨，其构造与现代人十分近似，被认为是已经完成从猿到人过渡阶段的典型的"能人"。1975 年，在坦桑尼亚与肯尼亚交界处的裂谷地带，发现了距今已经有 350 万年的"能人"遗骨，并在硬化的火山灰烬层中发现了一段延续 22 米的"能人"足印。

东非大裂谷地区的这一系列考古发现证明，昔日被西方殖民主义者说成的"野蛮、贫穷、落后的非洲"，实际上是人类文明的摇篮之一，是一块拥有光辉灿烂古代文明的土地。

裂谷底部是一片开阔的原野，20 多个狭长的湖泊，有如一串串晶莹的蓝宝石散落在谷地。中部的纳瓦沙湖和纳库鲁湖是鸟类等动物的栖息之地，也是重要的游览区和野生动物保护区，其中的纳瓦沙湖湖面海拔 1900 米，是裂谷内最高的湖。南部马加迪湖产天然碱，是重要的矿产资源。北部图尔卡纳湖是人类发祥地之一，曾在此发现过 260 万年前古人类头盖骨化石。

东非大裂谷还是一座巨型天然蓄水池，非洲大部分湖泊都集中在这里，大大小小约有 30 个。这些湖泊呈长条状展开，顺裂谷带成串珠状，成为东非高原上的一大美景。

这些裂谷带的湖泊，水色湛蓝，辽阔浩荡，千变万化，不仅是旅游观光的胜地，而且湖区水量丰富，湖滨土地肥沃，植被茂盛，野生动物众多，大象、河马、非洲狮、犀牛、羚羊、狐狼、红鹤、秃鹫等都在这里栖息。坦桑尼亚、肯尼亚等国政府，已将这些地方辟为野生动物园或者野生动物自然保护区。位于肯尼亚峡谷省省会纳库鲁近郊的纳库鲁湖，是一个鸟类资源丰富的湖泊，共有鸟类 400 多种，是肯尼亚重要的国家公园。一般情况下，有 5 万多只火烈鸟聚集在湖区，最多时可达到 15 万多只。当成千上万只鸟儿在湖面上飞翔或者在湖畔栖息时，远远望去，一片红霞，十分好看。

在肯尼亚境内，裂谷的轮廓非常清晰，它纵贯南北，将这个国家劈为两半，恰好与横穿全国的赤道相交叉，因此，肯尼亚获得了一个十分有趣的称号："东非十字架"。首都内罗毕就坐落在裂谷南端的东"墙"上方。登上悬崖，放眼望去，只见裂谷底部松柏叠翠、深不可测，那一座座死火山就像抛掷在沟壑中的弹丸，串串湖泊宛如闪闪发光的宝石，十分美丽。

肯尼亚山

肯尼亚山亦译肯尼山，肯尼亚中部火山，位于赤道之南。是非洲第二高峰，仅次于南方 320 千米的乞力马扎罗山。肯亚山地区在 1997 年被联合国教科文组织列入世界遗产名单内。

肯尼亚山穿越赤道线，平时烟雾缭绕，峰顶若隐若现，而在晴朗的日子里几英里以外就可以看到屹立在远处的雪峰。巨大冰河形成的山谷紧靠群山，一片瑰丽的景色。山顶终年积雪，并有 15 条冰川伸延到 4300 米处。海拔 1500～3500 米多密林。2000 米以下多种植园，在火山岩发育的肥沃土壤上种有咖啡、剑麻、香蕉等。肯尼亚山以热带雪峰景色和众多野生动物吸引大量旅游者。山脚和山腰设有旅馆和宿营地。其南面的尼安达鲁瓦山脉的莽莽林海间有野生动物园。

肯尼亚山底高约 1600 米。2440 米等高线上的周长约为 153 千米。峰顶地区主要为陡峻、角锥状的尖峰，包括巴蒂安峰（高 5199 米）、涅里翁峰（高 5188 米）和莱纳纳峰（高 4985 米）。这座休眠已久的死火山大半已遭侵蚀，最高的几座山峰由堵住前火山口的结晶状霞石正长岩组成。从中央高峰呈放射状延伸的山脉为 7 条大山谷分隔。山坡上的溪流与沼泽源于几条正在后退的小冰川，其中最大的是路易斯和廷德尔。所有溪流的特色是呈明显的放射状流向，但最终皆注入塔纳河或埃瓦索恩吉里河。

依高度不同，肯亚山有一连串独特的植被地区。草原覆盖着西部和

肯尼亚山

北部的高地，南部和东部则以禾草和矮树为主。约从海拔 1800 米开始，茂密的环状森林覆盖山坡，向上延伸至海拔 3000 米附近。较干燥的西部和北部两侧以雪松和罗汉松最多。森林上缘——海拔约 2400 米以上竹林遍布，但随着海拔愈高，竹林高度明显递减，最后没入继起的高大帚石楠区。在过渡地带（海拔 3400～3700 米）之上即俗称的高沼地，是罕见的非洲高山植被带。再就是苔藓和地衣，往上生长到海拔 4600 米左右。再往上就只有光秃秃的岩石、冰川和其他冰雪覆盖的地区了。

　　肯亚山国家公园（1949 年成立）占地 718 平方千米，涵盖肯亚山大部分海拔较低的边缘地区。公园及其四周有多种大型动物，包括象、水牛、黑犀牛和豹。一些濒危和稀有物种，如桑尼鹿和白化斑马也分布在那里。基库尤人以及和他们有亲缘关系的恩布人、梅鲁人在低海拔的肥沃山坡上开垦。

　　基库尤人称肯尼亚山为 Kirinyaga 或 Kere－Nyaga（意为"白色山

脉"），自古以来一直尊这座山为他们全能之神恩盖的家。克拉普特是第一个发现此山的欧洲人（1849年），后来，匈牙利探险家泰莱基伯爵和英国地质学家格列哥里分别于1887和1893年攀登过肯亚山的一部分。英国地质学家麦金德是第一位登上顶峰者（1899年）。纳纽基镇坐落于肯亚山的西北山麓，位于奈洛比北方约190千米处，有铁路与之相通；纳纽基和位于西部的纳罗莫鲁都是登山的主要基地。

本篇简介 **B**enpian **J**ianjie 非洲最高的山脉，是一个火山丘。高耸入云，气势磅礴，有"非洲屋脊"和"赤道雪峰"之称。

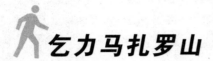

乞力马扎罗山

乞力马扎罗山是非洲最高的山脉，是一个火山丘，海拔5895米，面积756平方千米。它位于坦桑尼亚乞力马扎罗东北部，邻近肯尼亚，是坦桑尼亚与肯尼亚的分水岭，坐落于南纬3°，距离赤道仅300多千米。乞力马扎罗山素有"非洲屋脊"之称，而许多地理学家则喜欢称它为"非洲之王"。乞力马扎罗山国家公园由林木线以上的所有山区和穿过山地森林带的6个森林走廊组成。乞力马扎罗山四周都是山林，那里生活着众多的哺乳动物，其中一些还是濒于灭绝的种类。

乞力马扎罗山的主体东西向延伸将近80千米，由3个主要的死火山——基博、马温西和希拉构成。基博时代最新，也最高，还保持着典型的火山锥和火山口的形状，并且同马温西（海拔5354米）在海拔约4600米处的一段长11千米的鞍状山脊相连。马温西是先前的一座高峰的较老的核心。希拉岭海拔3778米，仅仅是较早的一个火山口的残余。鞍状山脊以下，乞力马扎罗的主体以典型火山曲线向下面的平原倾斜，平原的高度约海拔900米。

基博虽然看来像个盖着积雪的穹丘，但其南侧却有个直径2千米、深约300米的火山口。此火山口里有个显示残余火山活动的内火山锥。和基博峰的有规则的锥形大不相同的是，马温西峰是经过强烈侵蚀的，山势崎岖而且陡峭，并且被东西向峡谷劈开。基博的冰盖沿冰盖边缘残存下来，形成分散的大冰块。在基博的西南坡上，冰川终止于4270米

乞力马扎罗山火山口

处，在其北侧则只下降到其峰顶以下很短距离。马温西山上不存在永久冰，也几乎没有积雪地。近年来由于全球变暖，乞力马扎罗山的冰雪消融，引起联合国等国际组织关注。

乞力马扎罗山具有顺序相继的几个植被带，其组成（自山麓至山顶）为：周围高原的半干旱的灌木丛、南坡水源充足的农田、茂密的云林、开阔的沼地、高山荒漠、苔藓和地衣的共生带。该山体中生存着各种大小动物。

乞力马扎罗山山坡上的年降水量平均为 1780 毫米。南坡和东坡上的水流供给潘加尼河、察沃河和吉佩湖，而北坡上的水流则供给安博塞利湖和察沃河。帕雷山脉从乞力马扎罗峰向东南延伸。

乞力马扎罗山所在的地区是坦桑尼亚的淡咖啡、大麦、小麦和蔗糖的主要产区之一；其他作物有琼麻、玉米（玉蜀黍）、各种豆类、香蕉、金合欢树皮、棉花、除虫菊和马铃薯。该地区的居民有查加人、帕雷人、卡赫人和姆布古人。

在斯瓦希里语中，乞力马扎罗山意为"闪闪发光的山"。它的轮廓非常鲜明：缓缓上升的斜坡引向一长长的、扁平的山顶，那是一个真正的巨型火山口——一个盆状的火山峰顶。酷热的日子里，从很远处望去，蓝色的山基赏心悦目，而白雪皑皑的山顶似乎在空中盘旋。常伸展到雪线以下的缥缈的云雾，增加了这种幻觉。山麓的气温有时高达59℃，而峰顶的气温又常在零下34℃，故又有"赤道雪峰"之称。

阿特拉斯山

从摩洛哥的东北部塔札，到西南部的阿加迪尔，有一绵延起伏的山脉，它像一道绿色的屏障，把色如琥珀的撒嗟拉沙漠，同大西洋沿岸平原截然分开，这一绿色的天然屏障就是非洲的著名山脉——阿特拉斯山脉。

阿特拉斯山脉由中阿特拉斯山、高阿特拉斯山和安基阿特拉斯山三部分组成。高阿特拉斯山是其主脉，蜿蜒 700 多千米，山势高峻、狭长，主峰为图卜加勒山，海拔 4165 米，是非洲北部的最高峰。高阿特拉斯山脉的西部为侏罗纪石灰岩，地形起伏和缓，东部为辽阔的侏罗纪褶皱。东北部的中阿特拉斯山脉，是相当规则的褶皱山脉，它像一条纽带，将高阿拉特斯山脉和最北部的里夫山脉联结起来。西南部的安基阿特拉斯山脉，海拔在 2500 米以上，是撒哈拉沙漠逐渐抬升的边缘。

特殊的地理位置，峰峦起伏的山岳地形，形成了阿特拉斯山区独特的自然风光。在阿特拉斯山的东南侧，海拔 500 米以下的广阔地带，一年四季烈日炎炎，热浪滚滚，林木很少；山的西侧却四季如春，气候宜人，景色绮丽。每年 10 月以后，受到大西洋气流的侵袭和影响，西侧大西洋沿岸平原开始了雨季，而阿特拉斯山区却进入了降雪季节，并一直延续到翌年的春季。中阿特拉斯山海拔 2000 米以上地带，一年之中的降雪时间达 5 个月左右。夏季，虽然阿特拉斯山下骄阳似火，暑气逼人，但是山峰之上却冰雪覆盖。融化的雪水自山顶流下，又使山腰溪水潺潺，水声淙淙。冬季，山下晴空万里，温暖如春，山上却霏花雪地，一片严寒。因此，使摩洛哥成为北非少有的"雪"的王国。

在干旱的非洲国家里，摩洛哥是地面水和地下水最丰富的国家，阿特拉斯山是它的"天然水塔"。

中阿特拉斯山的年降水量可达 1000 毫米，高阿特拉斯山的北坡降水量也达 500 毫米左右。丰富的水源，使阿特拉斯山成为摩洛哥三条主要入海河流——乌姆雷卜亚河、木卢亚河和塞布河的发源地。在中阿特拉斯山海拔 1000 多米的群山之间，有一个面积达数十公顷的水塘，塘水清澈见底，青山绿水交相辉映，景色迷人。在高阿特拉斯山，还可见到不少古代引山上雪水灌溉农田的水利工程。这里充足的水资源，为摩洛哥发展农牧业创造了有利的条件。

阿特拉斯山资源十分丰富，除水资源外，还拥十分丰富的矿产资源和森林资源。这里不仅有钴、锑一类的战略性矿产，而且还蕴藏了丰富的铅、锰、铜、锌、铁、煤等地下宝藏。近年来油页岩、天然气和磷酸盐的贮藏量也得到勘测，其中磷酸盐的蕴藏量约占世界总量的 1/2 以上。

阿特拉斯山茂密的森林，也是其重要的财富。除品种繁多的松木等成材林外，经济林遍及整个阿特拉斯山，其中软木是最主要的经济林之一。自中阿特拉斯山脚到 2000 多米的山麓，随处可见软木栎树，粗大的树干要两三人合抱。在安基阿特拉斯山和高阿特拉斯山，这种软木也比比皆是。这里是摩洛哥软木的主要产地，阿特拉斯山软木已成为摩洛哥重要的出口产品之一。

在阿特拉斯山东侧，虽然气候干燥，林木很少，但是这一带的沙丘和山坡上，却长满了高达 1 米左右的阿尔法草。此草纤维好，用它做原料，可生产各种夹板和包装材料。它的纤维还可以作为纺织原料，编织成各种纺织品。阿尔法草已成为摩洛哥又一取之不尽的财富。

阿特拉斯山奇异的风光景色，每年都吸引着无数的国内外游人。摩洛哥政府为此耗费巨资，修筑了许多四通八达的穿山公路，以便利游客来阿特拉斯山游览观光。乘坐汽车，沿着蜿蜒曲折的穿山公路，一会可将游人隐没茂密的森林，领略郁郁葱葱、遮天蔽日的森林景观；一会儿穿山爬岭，旋转三匝，只见数丈高的悬崖峭壁插身而过，万丈深谷就在脚下，真令人心惊胆战，毛骨悚然；一会儿驰入低洼的河谷，眼前又豁然开朗，只见郴枣树连片不断，橄榄树一望无际，河床中流水潺潺，山坡上牛羊成群，令人乐而忘忧，沉浸在一片欢乐和愉快的气氛之中。

在中阿特拉斯和高阿特拉斯交界处的依米尔斯，每年都举行一度的深山庙会，盛况空前，闻名全国。当地把这个庙会称为"订婚节"，因为山区的很多青年都在庙会上订婚。但是庙会的主要活动还是物质交流、经贸洽谈。庙会在山坡上举行，山坡四周布满帐篷，那里陈列着琳琅满目的各种商品，在此也将进行各种商品交易。一块山间平地上搭起了一个很大的露天舞台，各种精彩的节目将在此演出。庙会上不仅云集了当地的居民、政府官员，也有国内外商人、游客。来自当地山区的舞蹈队在露天舞台上，轮流表演不同风格的舞蹈。优美的舞姿深深吸引着观众，将庙会的热烈气氛推向了高潮。

位于阿特拉斯山区西端的非斯城，是阿拉伯著名的古城之一，居民中有2.7万多人为阿拉伯人。阿拉伯悠久的历史和文化，对这座古城产生了深远的影响。从非斯城前行就是马克纳斯。这里原是一个古老的村庄，其历史可追溯到伊斯兰教以前，而今已发展成为摩洛哥的一个重要的轻工业城市。其传统工艺品闻名遐迩，特别是贵重的地毯和靠枕、手工刺绣、涂漆木制品，大量销售到国内外。这里的家家户户都铺有地毯，房门和窗户都有精致细腻的镂刻。

马克纳斯城里还有一座辉煌的宫殿。据说穆拉耶、伊斯梅尔建筑这座宫殿就是要与法国的凡尔赛宫媲美。伊斯梅尔才智出众，果断而善于改革，他曾将摩洛哥的大部分统一在一个中央政权之下。他与路易十四交替建立使馆，互派使节。传说他的马队长达3千米，由12000匹马组成。他先后娶过 549 个妻子，他的孩子多达 867 个。今天的辉煌宫殿经过修复仍保留着穆拉耶·伊斯梅尔执政年间的建筑特色。

艾伊夫拉地区包括 18 个村庄，均在海拔 900～1930 米的阿特拉斯山坡上。该地区现已发展成为摩洛哥著名的旅游胜地。这里不仅有秀丽怡人的自然风光，而且还建立了一系列旅游、娱乐设施，有著名的冰上运动中心、野猪狩猎场地，还建筑了具有异国情调的花园别墅、富丽堂皇的旅馆，修筑了四通八达的公路、铁路和现代化的国际机场。前来艾伊夫拉旅游的人每年近 200 万人，创汇相当于摩洛哥出口金额的 22%。

阿特拉斯山绮丽的景色、丰富的物产、浓郁的异国风情，给人以深刻的印象、美好的回忆。

佐治亚石山

　　佐治亚石山坐落在美国东南部佐治亚州首府亚特兰大的远郊，以此山为中心，建成了一座风光秀丽、别开生面的大型游乐中心，即闻名遐迩的佐治亚石山公园。佐治亚石山是全世界最大的整石山岗之一，整座石山是由一块完整的蚀余巨石，经长期日晒雨淋侵蚀花岗岩石形成的，被人们称为"世界的第八大奇观。"

　　佐治亚石山海拔约 520 米，高出周围地面约 250 米，占地面积 237 公顷。三面环湖，碧波围绕风景优美。山上绿树成荫，设置了多种娱乐设施，供游人玩赏。

　　20 世纪 50 年代末，石山周围的大湖和丘陵地带被规划出来，开辟成州立公园，使佐治亚石山成为人们娱乐的中心。

　　园中设有在天然环境中生活着的野生动物大牧场和南北战争前的种植园，并建

佐治亚石山

造了模仿内战时老式机车牵引的窄轨游览火车，以及可在湖内巡游的战

前旧式蒸汽船。

此外，还设有空中缆车、历史纪念馆和古玩博物馆，宽大的高尔夫球场和旱冰场、音乐中心、露天剧场等娱乐设施，令人流连忘返。

石山的最著名的景观就是"南部同盟纪念雕像"。巨型的雕像是利用天然巨石的侧面陡峭而嶙峋的自然形态精心雕刻而成。

巨幅雕像的人物是南北战争时期南部同盟的总统——杰斐逊·戴维斯、南方军指挥官罗伯特·李和斯·杰克逊。这大概是为了纪念这几位历史人物而特殊设计的雕像。

该石雕的构思设计于 1915 年，到 1970 年才全部完工，其间停工长达 30 年。1958 年州政府成立了"石山纪念委员会"，负责监督尽快将石雕完工，并决定在此兴建一座寓教育于游乐之中的新型公园。1964年正式复工后，采用了现代化的雕凿技术，大大加快了工程进度，终于在 6 年后实现了人们几十年的愿望。

巨大雕像的雕刻工程十分浩大。首先在巨石北侧高出地面 125 米以上的地方开凿出一块面积达 1.5 公顷，凸出山壁面近 4 米的特大方框，然后再将 3 位著名历史人物骑马指挥作战的威武形象雕刻在这别具一格的框架中。南方军司令李将军的巨型雕像位居中央，高度超过 9 层楼房，他的坐骑从头至尾达 145 米，相当于 5 个连在一起的火车头。浮雕的深度也十分惊人，战马的后面可容纳一辆小轿车。

这座精心刻画的人物浮雕在自然形成的巨石上利用人工历经数十年才完成，显示了能工巧匠们的独特艺术才能。整座雕像形象逼真，人物神态各异，栩栩如生。甚至人物的手指、眼眉、纽扣，以及一缕发丝，都是匠人精心雕刻而成。整个形象非常传神，令人叹为观止，被称为"世界上最大最壮观的石雕"。

佐治亚石山独特的自然风光和地质地貌，再加上巧夺天工的石山雕像，构成了一幅极为壮观的美丽画卷，令人奇想，让人流连。

喀斯喀特山

喀斯喀特山脉是太平洋海岸山脉的一部分，从美国加利福尼亚州北部向北延伸，绵亘至加拿大不列颠哥伦比亚省的南部，全长 1100 多千米，许多山峰海拔在 3000 米以上，其中胡德山海拔 3424 米，是俄勒冈州最高点，雷尼尔山海拔 4392 米，是喀斯喀特山脉的最高峰。

喀斯喀特山脉自南向北增高，其中段被哥伦比亚河切割成峡谷。山脉大部分为熔岩和火山喷出物覆盖，尤其在南段，火山锥林立，部分尚在活动中，如自 20 世纪 80 年代以来连续喷发的圣海伦斯火山。

圣海伦斯火山海拔 2950 米，位于美国西北部华盛顿州，它在休眠 123 年后于 1980 年 3 月 27 日突然复活，5 月 18 日的喷发最为剧烈，伴随着地震，浓烟、火焰、火山灰和熔岩直冲云霄，高达 2 万米，遮天蔽日，白天如同黑夜。火山灰随气流飘散到 4000 千米以外，撒落在距火山 800 千米处的火山灰也有 1.8 厘米厚。火山附近的许多道路被埋没了，一些河流也被堵塞或改道。由于火山喷发造成山地冰雪大量融化，融水顺山而下，形成急流，上升气流中的大量水汽又在高空凝结，形成暴雨，使火山灰形成泥浆洪流，汹涌的泥浆流严重破坏了沿途的农田、森林和一切设施。火山喷发后，附近的地形发生了明显变化，原来的火山锥顶部已经崩坍，形成一个新火山口。这一带的湖泊和峡谷也被填高了 60～90 米，形成了许多小湖。这次火山喷发造成 60 多人死亡，390 平方千米土地变成不毛之地，野生动植物几乎全部罹难，损失巨大，这不仅是美国历史上，也是 20 世纪以来地球上规模最大的火山爆发之一。据估计，喷出的物质大约相当于公元 79 年发生的维苏威火山将罗马帝国的庞贝和赫尔库拉尼姆两城埋葬在地下的那次大喷发。圣海伦斯火山活动趋于稳定后，成千上万的游客出于好奇前往喷发现场，欣赏这大自然威力造成的独特景观。

在圣海伦斯火山附近，还有许多火山形成的山峰和火山湖，如雷尼尔峰、亚当斯峰、胡德峰、拉森峰和克雷特火山口湖等。这里风景优美，是美国较著名的旅游区。

在美国华盛顿州中西部西雅图的南面，是喀斯喀特山脉的大火山之一——雷尼尔山。1899 年，美国为了保护庄严肃穆、雪裹冰封的雷尼尔山自然景色，以此山为中心建立了面积约 9.8 万多

喀斯喀特山

公顷的雷尼尔山国家公园。雷尼尔山现在仍有不少冒气的岩洞和温暖的矿泉。高耸入云的雷尼尔山是美国东部前往俄勒冈地区和自太平洋进入普吉特海峡的西海岸的船舶航行的陆标。雷尼尔山常常被云霞或雾气所笼罩，只有在夏秋之际的晴朗日子里才一露雄姿。位于东坡的埃蒙斯冰川是美国最大的冰川，其余如厄斯奎利冰川、考里兹冰川和英格兰哈姆冰川等都很著名。广泛分布的冰川，在夏季里消融，形成条条湍急的溪流和飞泻的瀑布，流水之声不绝于耳，在山谷里回荡。这里是华盛顿州最有名的旅游胜地，集中了冰川、瀑布、森林、湖泊和丰富的野生动物等自然景观。雷尼尔山是登山者向往的地方，因为这里登山必须越过溶

岩、冰川、冰原、冰洞、深沟和塔形冰块等极为复杂的地形，攀登难度大，极具挑战性。雷尼尔山国家公园还是滑雪和冬游的好场所，在乐园谷一带，1971～1972年冬季的降雪量曾创下世界纪录，也为滑雪运动提供了绝好的条件，增添了雷尼尔山严冬的魅力。在雷尼尔山旅游，可以沿着145千米长的山间小路漫步，这条路有个充满诗意的名字——寻幽山径。山径两侧的风光因海拔不同而变化，低处是茂密的森林，高处是银色的冰雪世界，冰原与密林之间是高山草地，草地上野花竞放，争奇斗艳。

华盛顿州的西北部与加拿大接壤之处，有一座北喀斯喀特山国家公园，这是喀斯喀特山著名的旅游胜地之一。北喀斯喀特山国家公园面积2738平方千米，于1968年建立。这里以高山景观见长，拥有数以百计的冰瀑、高峰、峡谷和湖泊等。在幽深的峡谷中，森林密布，山坡上生长着石南属植物，高山冷杉丛生，山顶绿草如茵。斯卡吉特河横贯公园的中部，河上由罗斯、代亚布洛和戈吉3座水坝形成广阔的湖泊，山光水色，秀丽动人。公园分为四部分，包括南部荒原区、北部荒原区、切兰湖和罗斯湖国家休养区。南部荒原区位于海拔2660米的埃尔多拉高地上，覆盖着大面积冰川，经过风吹雨打的片麻岩突兀嵯峨，山间小路崎岖曲折，可以步行或骑马到此观光。北部荒原区潮湿阴冷，夏季多雨，冬季飞雪，群山常常隐没在迷濛的云雾之中，充满了神奇的色彩。公园里湖泊遍布，是垂钓和泛舟的好地方。

北喀斯喀特山国家公园还是一个野生动植物保护区，山中动物有熊、美洲豹、麋鹿、山羊、狼獾、秃鹰等。

在喀斯喀特山脉南段有一个火山口湖，这是美国最深的湖泊，最大深度589米，湖的轮廓近似圆形，直径10千米，面积54平方千米。火山口湖原来是被冰川覆盖的古火山锥马扎马火山，更新世晚期火山喷发后山顶形成火山口，在长期风化和流水侵蚀的作用下，火山口逐渐扩大并且积水成湖。后来火山又先后出现了几次小的喷发，形成一些火山锥，这些火山锥露出湖面成为小岛。湖的四周围绕着熔岩峭壁，高约150～600米，岩壁形状奇特，多姿多彩，湖水清澈，碧蓝如玉，湖区松、杉林茂密，空气清新，景色迷人，1902年被辟为国家公园。

在喀斯喀特山还有一处著名的国家公园，因公园内有拉森峰而被称为拉森国家公园。拉森国家公园位于美国加利福尼亚州东北部。拉森峰是一座活火山，1914～1921年间曾陆续喷发过多次。1915年拉森火山爆发时，浓烟滚滚高达5千米，岩石飞迸，短短几秒钟内便将附近的树木全部摧毁。如今，在熔岩和碎石覆盖的地面上已经长出树木，火山口也已冷却，重新披上白皑皑的积雪，但是火山深处仍有熔岩沸腾。在公园中有数处地壳裂口，不断有气体冒出。拉森国家公园是许多野生动物的禁猎地，这些动物包括松鼠、鹿、蜂鸟、猫头鹰和鹰等。公园内湖泊密布，湖泊均由冰河形成，多达40余处，东部有被称为链形湖群的三大湖泊，西部有门桑尼塔湖，山清水秀，风光秀丽。园内有20多种树木，包括松、柏、冷杉、铁杉等。每当春夏两季，满园葱郁，花香袭人；入冬后，白雪初降，银装素裹，又别有一番美景。

拉什莫尔山

在美国南达科他州的黑山地区，有一座拉什莫尔山，山高 1800 多米，刻有华盛顿、杰斐逊、罗斯福、林肯 4 个巨大的石雕像，石像的面孔高 18 米，鼻子有 6 米长。4 个巨像如同从山中长出来似的，山即是像，像即是山，巨像与周围的湖光山色融为一体，形成了著名的旅游胜地，每年有 200 多万来自世界各地的观光者到此来领略巨像的风采。

拉什莫尔山的巨像可以说是 20 世纪人类雕刻艺术的杰作，它是由美国著名的艺术家夏兹昂·波格隆创作的。1927 年，柯立芝总统宣布将拉什莫尔山辟为国家纪念场，雕刻工程也同时开始。当时，波格隆已经年过六旬，但是他把自己的全部心血和精力都倾注在这项空前的艺术巨制上，整个工程由于资金和天气等原因时断时开。1941 年，当工程临近完成的时候，波格隆这位艺术大师与世长辞了，他的儿子林肯继承父业，终于在 1941 年底完成了这项令世界瞩目的工程。

拉什莫尔山上的 4 个巨人雕像，生动地刻画出了 4 位总统的形象特征与神态。

华盛顿像是一座胸像，头部是圆雕，从衣领部分开始向浮雕过渡，右边的衣领转成浮雕线刻，保留了原来的山形，左边衣领刻成浮雕，肩部和胸部因山形而粗刻，因此整个雕像头部五官形象突出，清晰而集中。只见华盛顿安详地望着远方，口紧闭着，眉宇略锁，显露出严肃而又坚决的表情，仿佛对胜利充满了信心。华盛顿肖像是 4 个巨人肖像中

拉什莫尔山石雕像

唯一的胸像，其余3人只雕出了头部形象。

在华盛顿雕像的左边是杰斐逊雕像。杰斐逊是著名的《独立宣言》的起草人之一，雕像突出了他作为美国民族和民主革命先驱者的风采和智慧，他的头发弯曲，前额突出，双眼炯炯有神，头部微仰，嘴角微抿，从悠闲当中透露出果敢和坚强。

罗斯福雕像位于杰斐逊雕像之左，他与林肯的雕像只刻了脸部，脑后与石山连在一起，颈与胸部均未刻出。罗斯福头像下颌略收，唇上短髭粗而浓，双目深陷，两眉紧锁，面部棱角分明，戴一副秀气的眼镜，与华盛顿与杰斐逊刚毅的造型形成鲜明的对比。

4座雕像的最左边一位是林肯，这位深受美国黑人和下层人民爱戴的伟人言行一致，雕像突出了他严肃、认真的性格特征。

这组巨型雕像既突出了每个人的性格特征，又巧妙地组合在一个统一的构图之中。如果按照年代排列，罗斯福应该排在林肯之后，但是出于艺术上的考虑，把罗斯福放在林肯的右边使它与两旁的雕像形成了更为鲜明的对比。4座雕像的面部虽然不朝向一个焦点，但是他们都看着远方，而且排列在相同的高度。左边3座雕像颈项以下的横线都是连贯的，隐去了3人的胸肩，彼此融为一体，有机地统一起来，加强了雕像间形与神的联系。

拉什莫尔山的石刻构图，曾经多次改动，主要原因是山石内层的花岗岩有裂缝或瑕疵。由于在外表很难发现内层的岩石情况，所以刻到内层时只好改变构图。1930年7月4日，华盛顿像首先完成，接下来在刻杰斐逊像时遇到了很大麻烦，刻像的位置一再改变，直到1936年8月30日才落成。此后，1937年9月17日林肯石雕像完成，1939年7月2日罗斯福石雕像完成。在整个工程中，曾作过9次大的改动，清走石头10万吨以上。4座雕像完成后，波格隆又投入到整体处理中，以加强四座雕像间的联系，使这组雕像更加协调。1941年3月6日，波格隆在工程未完全结束时就去世了。

在石像雕刻过程中，采用了现代化的爆破技术，在爆炸时经过精心测算，爆炸后的岩石距离成品要求只有2.5厘米，可见其定向爆破技术的高超。正是由于这种原因，有人称这4座雕像是由炸药炸出来的。拉什莫尔山的石像可以说是科学与雕刻相结合的人类杰作。

为了表示对4位总统的崇敬之情，也为了防止雕像受到损害，拉什莫尔山禁止游人攀登，前往观瞻的人可以山脚下的观瞻台上一睹石像的风采。每年6至9月间，为了使游人在晚上也能欣赏到这一艺术巨作，这里还备有照明设备，在灯光下观赏石雕，自然又有另一番情趣和特殊的艺术效果。

阿空加瓜山

阿空加瓜山位于阿根廷西部的门多萨省，靠近智利边境，海拔6959米，是南美洲的第一高峰，有"美洲巨人"的美誉。"阿空加瓜"在瓦皮族语中是"巨人瞭望台"的意思。

阿空加瓜山由第三纪沉积岩层褶皱抬升而形成，同时伴随着岩浆侵入和火山作用，峰顶较为平坦，堆积安山岩层。东、南侧雪线高度为4500米，冰雪厚达90米左右，发育多条现代冰川，其中菲茨杰拉德冰川长达11.2千米，终止于奥尔科内斯河，然后泻入多萨河。峰顶西侧因降水较少，没有终年积雪，山麓多温泉。附近有印加桥疗养及旅游胜地。

阿空加瓜山区现在是阿根廷著名的登山游览胜地。到阿空加瓜山登山的理想季节是夏季（每年的12月至次年的2月间）。阿空加瓜山四面皆可攀登，北坡攀登较容易，南坡较难。并不是每个人都可以自由攀登此山，通常只有持登山许可证的登山运动员才被允许登山。

第一个登上阿空加瓜顶峰的人是马蒂阿斯·朱布里金，他登峰成功的时间在1897年1月14日，此后，无数登山爱好者向阿空加瓜山挑战，试图征服这座"巨人"。

登山者通常在印加桥出发，经过奥康内斯溪谷荒山向西攀登。在海拔3962米有登山队的第一站营地，这里建有木棚屋，这些木棚屋在登山沿线建了不少，供登山者休息和躲避暴风雪，在海拔6500米处有最

阿空加瓜山风光

后一个棚屋，这也是登山者的最后营地，这里距离顶峰 459 米，是最难征服的一段路程，至少要花费 7 个小时才能达到顶峰。

阿空加瓜顶峰堆满了巨大的岩石，疾风强劲，让人难以立足。从这里向四周远眺，雪峰冰川林立，起伏绵延，在晴朗的日子里，甚至可以看到太平洋的景色。顶峰中央树立着一个十字架，由钢丝围绕，这是为了纪念在攀登阿空加瓜山遇难的林库夫妇而设立的，他们是安第斯山脉的杰出研究者。

普通游客到阿空加瓜山观光可从门多萨城乘旅游汽车沿七号国家公路北行，沿途有许多历史古迹和自然景观。

沿途的第一处重要历史遗迹是卡诺塔纪念墙，当年何塞·德圣马丁就是从这里率领安第斯山军越过山脉去解放智利和秘鲁的。

卡诺塔纪念墙以西的维利亚西奥村，这个风景如画的小镇坐落在海拔 1800 米的高地上，有一所著名的温泉疗养旅馆。离开这里，经过一段被称为"一年路程"的大弯道，便来到了海拔 2000 米的乌斯帕亚塔村。村子附近有当年安第斯山军砌成的拱形桥——皮苏塔桥以及兵工厂、冶炼厂等遗址。再往前行就到了旅游小镇乌斯帕亚塔镇，这里旅游设施齐全，十分繁华，风景也很优美。从乌斯帕亚塔镇起，海拔已达到 3000 米左右，经过瓦卡斯角小站，可以看到一座天生的石桥印加桥，登山者一般都以此为出发点。印加桥附近有一组高大的岩石峰，形如一群站立忏悔的人群，当地的印第安人称其为"忏悔的人们"。

过了印加桥，西行不久，是海拔 3855 米的拉库姆布里隘口。这里矗立着一座耶稣铸像，铸像面朝阿根廷方向，建于 1902 年，是阿根廷和智利为纪念和平解放南部巴塔哥尼亚边界争端签订《五月公约》而建立的。铸像高 7 米，重 4 吨，它的基座上铭刻着：此山将于阿根廷和智利和平破裂时崩溃在大地上。

伊拉苏火山

在哥斯达黎加中部，有一座海拔3432米的间歇性火山，它是哥斯达黎加7座火山中最高的一个，也是中央山脉的最高峰，站在山上，可以眺望到太平洋和大西洋的景色，这就是著名的伊拉苏火山。

1841年、1920年伊拉苏火山曾经喷发过两次。1963年3月，火山又一次喷发。在火山爆发前五天，大地一直在颤抖，隆隆作响，火山喷

伊拉苏火山

发时，浓烟滚滚，大股黑灰向外喷射，升起 2000 米，山石横飞，熔岩奔流，毁坏了附近的村庄，农田和树，火山灰落满附近地面，甚至随风飞出 70 多千米，落遍整个中央高原。全国 10% 的土地被火山灰覆盖，哥斯达黎加首都圣约瑟也遭到火山灰的侵袭，城市街道整整清理了一年才恢复了整洁的面貌，据说这一年中清除的火山灰在 4 万吨以上。

1978 年，伊拉苏火山再一次喷发，这一次爆发后，形成了两个直径分别为 1050 米和 690 米的火山口，深度分别是 300 米和 100 米。第一个火山口底部积水成灰色的泥浆湖，温度高达 80℃，而第二个火山口至今还散发着蒸汽和白烟，充满了硫磺的气味。

早晨登上伊拉苏火山，在火山顶可以看到加勒比海和太平洋的景色。下午，火山顶多被浓雾和细雨笼罩。

伊拉苏火山并非是不毛之地，充满了恐怖和荒凉。这里风光旖旎，森林密布，花草茂盛，是不可多得的旅游胜地。白色的盘山公路像一条美丽的腰带缠绕着青翠的山岗，肥沃的火山灰为农业种植提供了有利条件，山谷里是碧绿、苗壮的庄稼，清澈的小溪在山间穿行，发出悦耳的响声，挺拔的青松生长在险峻的山石上，别是一种风光。

伊拉苏火山的交通十分便利，良好的公路直达火山顶，每隔半小时就有一趟公共汽车从首都圣约瑟、卡塔戈或其他城市开来。在山顶，有博物馆、休息室等服务设施和观赏点，沿途的餐馆、酒吧、咖啡店等更为游客提供了极大的方便。

哥斯达黎加被誉为"中美洲的花园"，伊拉苏火山是这园中之园，它以自己独特的自然风光和火山奇景吸引着来自世界各地的旅游观光者。